高等职业教育系列教材

生产线数字化仿真与调试

（NX MCD）

广州高谱技术有限公司组编

主　编　黄　诚　梁伟东

副主编　车　聪　李壮威　黄恺斌

参　编　黄小彬　连财勇　杨　沛　陈泽群　李志刚

机械工业出版社

本书从基础认知出发，兼顾实训操作，内容分为 NX MCD 基础篇和实训篇。基础篇针对西门子 NX MCD 的基本机电对象、运动副和约束、耦合副、传感器和执行器、运行时行为、仿真过程控制、虚拟调试协同连接的相关知识和实操技巧进行了系统介绍；实训篇针对小型自动化生产线控制面板、出料、传送、装配、仓储等典型机构的仿真和调试进行了细致阐述。

本书架构清晰、内容丰富，注重知识点和技能的融合，可以作为职业院校的机电一体化技术、智能机电技术、工业机器人技术、电气自动化技术、智能控制技术等专业的教材，也可作为企业及社会机构的培训用书。

本书配有微课视频，可扫描书中二维码直接观看，还配有授课电子课件、模型文件、程序源代码等资源，需要的教师可登录机械工业出版社教育服务网 www.cmpedu.com 免费注册后下载，或联系编辑索取（微信：13261377872，电话：010-88379739）。

图书在版编目（CIP）数据

生产线数字化仿真与调试：NX MCD/广州高谱技术有限公司组编；黄诚，梁伟东主编. —北京：机械工业出版社，2022.8

高等职业教育系列教材

ISBN 978-7-111-71205-3

Ⅰ. ①生… Ⅱ. ①广… ②黄… ③梁… Ⅲ. ①自动生产线-仿真-高等职业教育-教材 ②自动生产线-调试方法-高等职业教育-教材 Ⅳ. ①TP278

中国版本图书馆 CIP 数据核字（2022）第 122699 号

机械工业出版社（北京市百万庄大街 22 号 邮政编码 100037）
策划编辑：曹帅鹏 责任编辑：曹帅鹏
责任校对：张艳霞 责任印制：李 昂

北京中科印刷有限公司印刷

2022 年 8 月第 1 版·第 1 次印刷
184mm×260mm·15.75 印张·390 千字
标准书号：ISBN 978-7-111-71205-3
定价：65.00 元

Preface
前　言

数字孪生（Digital Twin）被形象地称为"数字化双胞胎"，是指智能工厂的虚实互联技术，在构想、设计、测试、仿真、厂房规划等环节，可以虚拟仿真出生产或规划中的所有工艺流程并找出可能会出现的矛盾、缺陷和不匹配等问题。时至今日，数字孪生技术已成为装备制造业数字化的重要技术，它可以广泛应用于各类机电设备的设计与调试，解决了传统机电产品设计、调试时需要实物打样的缺点，是加快智能制造领域发展的强大引擎。随着数字孪生技术在智能制造领域的广泛应用，必将对我国装备制造业数字化转型起到极其重要的作用。

西门子机电一体化概念设计（NX MCD）是装备制造数字孪生技术实施的一个重要工具，它可以对包含多物理场以及通常存在于机电一体化产品中的自动化相关行为的概念进行 3D 建模、选型装配、仿真和调试。NX MCD 可加快机械、电气和软件设计学科产品的开发速度，使这些学科能够同时工作，专注于机械部件、传感器、驱动器和运动的概念设计。同时还可以通过西门子 PLCSIM Advanced 的通信功能实现多工作站的自动线单元联调，实现创新性的装备设计，帮助机械设计人员满足日益提高的要求，不断提高机器的生产效率，缩短设计周期，降低成本。

本书以任务实例的方式呈现了 NX MCD 的数字孪生技术，涉及 NX MCD 的安装、机械属性设计、运动特性设计、电气接口设计、工艺仿真设计、自动化编程和仿真调试等，实例内容由浅入深、详细清晰，教辅资源包含微课视频、课件以及任务实例的模型文件和调试程序，有助于读者系统地学习 NX MCD 机电装备数字孪生技术。

本书在编写过程中得到了西门子（中国）有限公司工程师们的大力支持，也参考了部分书籍和资料，在此一并向所有提供帮助的单位和个人致以衷心感谢。由于编写团队的学识水平有限，书中难免存在不足和疏漏之处，恳请广大读者批评指正，以期进一步完善。

编　者

目　　录

第二篇　NX MCD 实训篇

第一篇　NX MCD 基础篇

本篇主要介绍 NX MCD 的基础内容，共分为 8 章。第 1 章介绍了 NX MCD 的基本概况，包括 NX MCD 的创建方式、界面与命令、其他常用模块等以及 NX 软件的安装方法。第 2 章～第 8 章详细介绍了 NX MCD 的常用命令，为机电一体化概念设计打下坚实的基础。

根据常用的 NX MCD 命令功能分类，本篇着重讲解了基本机电对象、运动副和约束、耦合副、传感器和执行器、运行时行为、仿真过程控制、虚拟调试协同连接等。

第1章　NX MCD 的认知

NX MCD 是西门子 NX 软件中的一个应用模块，是一套用于交互式设计和模拟机电系统复杂运动的应用系统。本章主要讲述的是 NX 软件的发展与背景、NX 软件与 MCD 之间的关系、NX 软件的安装方法、MCD 的基本环境与使用。

1.1　Siemens NX 软件介绍

任务目标　掌握 Siemens NX 软件相关知识。

当西门子公司 2007 年收购美国 PLM 公司的 UGS 时，UGS 已经拥有一个比较完整的产品组合，覆盖制造业从设计到工艺的完整流程，旗下产品包括集 CAD（计算机辅助设计）/CAE（计算机辅助工程）/CAM（计算机辅助制造）于一体的数字化产品开发系统 UG，制造仿真软件 Tecnomatix，制造业全价值链协同和数据管理软件 Teamcenter。收购完成后，西门子公司成立了西门子 PLM 软件（Siemens PLM Software）事业部，该事业部成为西门子数字化布局和实施的重要力量，为西门子公司此后的数字化进程奠定了扎实的根基。

NX 软件是一个由西门子 PLM 部门开发的数字化产品开发系统，它支持产品开发的整个过程，从概念，到设计，到分析，到制造的完整流程。NX 将产品的生命周期整合到一个终端到终端的过程中，运用并行工程工作流、上下关联设计和产品数据管理，使其能运用在所有领域。NX 为用户的产品设计及加工过程提供了数字化造型和验证手段，并且可针对用户的虚拟产品设计和工艺设计的需求，提供经过实践验证的解决方案。

MCD（Mechatronics Concept Designer，机电一体化概念设计，简称机电概念设计）是西门子 NX 软件中的一个重要数字化工具应用模块，也是数字化双胞胎中的基石，机电概念设计可用于交互式设计和模拟机电系统的复杂运动。它融合了多个学科，包括机械、电气、流体和自动化等方面，是一种将机器创建过程转变为高效机电一体化设计方法的解决方案。

MCD 机电设备设计及仿真是一种全新的机电设备工作过程仿真解决方案，可对包含多物理场以及通常存在于机电一体化产品中的自动化相关行为的概念进行 3D 建模和仿真。MCD 支持功能设计方法，可集成上游和下游工程领域，包括需求管理、机械设计、电气设计以及软件/自动化工程。MCD 可加快机械、电气和软件设计学科产品的开发速度，使这些学科能够同时工作，专注于机械部件、传感器、驱动器和运动的概念设计。在进行数字化样机和生产线研发过程中，利用 MCD 软件资源以虚拟的方式进行产品设计、仿真和调试，可实现创新性的设计，帮助机械设计人员满足日益提高的要求，不断提高机器的生产效率，缩短设计周期，降低成本，是产品开发过程中高效、环保的新技术。其技术优势如图 1-1 所示。

从 NX 6.0 开始，NX 经过了 14 个版本的迭代发展，已经成为一款领先的集成化产品、工程和制造软件。本教材所有项目基于 NX 1969 版本，该版本可以在很大程度上帮助用户更快、更好地开发产品，可以在更短的时间内交付更高质量的产品，为工程师提供强大的帮助。NX

MCD 支持从产品开发的概念阶段到最终工程制造的各个环节，有效协调不同学科，致力于保证数据完整性，彻底实现设计者的设计意图，在实际工程中简化流程。工业项目中的仿真与调试如图 1-2 所示。

图 1-1　利用 NX MCD 可有效减少装备开发时间

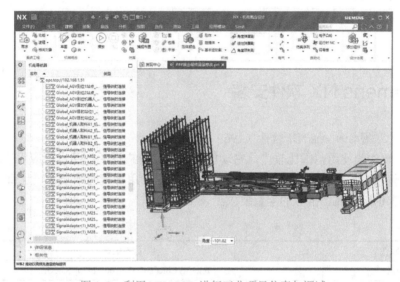

图 1-2　利用 NX MCD 进行工业项目仿真与调试

NX MCD 具有如下特点。

（1）功能模块设计　功能模块是机电一体化设计的主要原则，这些模块构成了机电一体化系统跨学科设计的基础。教育装备的仿真与调试如图 1-3 所示。以功能为驱动的设计强化了交叉学科之间的协作，也连接了实际需求和各种数据的管理，从而使设计人员能够跟踪客户需求，并把这种需求数据纳入到设计的过程中。此外，功能模块也提供了最初的概念设计结构，从而能够运作和评估可选择的设计方案。

（2）逻辑模块设计与模块的重复使用　可以把功能模块分解为不同的、可在多个设计中重复使用的逻辑块，并通过设置具体的参数来实现设计过程的优化。在整个功能设计流程中，功能逻辑块的分割与设计是一项基础工作。

（3）早期系统验证　在开发过程的初期，MCD 提供了基于仿真引擎的验证技术，能够帮助设计人员获取电动机、伺服等驱动动力的仿真，初步验证概念设计的有效性。

（4）多学科支持　MCD 提供了一种为多学科并行协作而设计的开发环境，涵盖了机械、电气伺服驱动、液压气动、传感器、自动化设计、程序编制、信息通信等诸多领域。

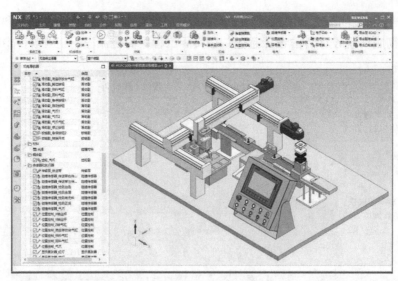

图 1-3　利用 NX MCD 进行教育装备的仿真与调试

1.2　Siemens NX 软件安装

任务目标　掌握 Siemens NX 软件（1969 版本）安装。

NX 1969 软件的使用范围比较广，它功能强大，具有广泛的产品设计应用模块，所以整个软件的安装文件相对比较大，建模、渲染、仿真等都对使用环境有所要求。因此，该软件对计算机的配置要求也比较高，推荐的配置要求见表 1-1。

表 1-1　运行 NX 1969 时建议使用的配置

硬件/软件	推荐配置
处理器	Intel(R) Core(TM) i7-9700 CPU @ 3.00GHz
显卡	Quadro P1000　显存 4 GB 或更高
内存	16 GB 或更高
硬盘	SSD（至少 50GB 可用空间）
屏幕	24"全高清显示屏（1920×1080 像素或更高）
系统	Windows 10 专业版（64 位）

NX 1969 中"1969"的含义是指版本号。NX 1969 版本是基于 NX 1953 的升级版本。在部件文件兼容性方面，NX 1969 保存的部件可以在 NX 1953 或更高 NX 版本中打开。

安装 NX 1969 主要分为五个步骤，步骤详解如下。

1.　安装 Java 环境

1）鼠标右击 JAVA_WIN64.exe 文件，在快捷菜单中选择"以管理员身份运行"，如图 1-4 所示。

2）单击"安装"按钮，如图 1-5 所示。

3）等待 Java 安装完成，如图 1-6 所示。

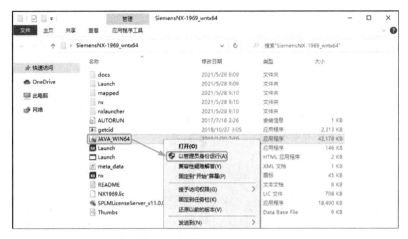

图 1-4　运行 JAVA_WIN64

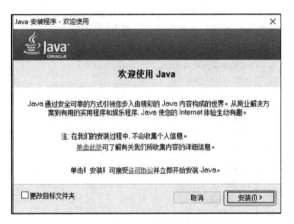

图 1-5　Java 安装进程

图 1-6　等待安装完成

4）安装完成后单击"关闭"按钮。如图 1-7 所示。

图 1-7　Java 安装完成

2. 安装 Siemens PLM License Server

1）双击 NX1969.lic 许可文件，使用记事本打开，如图 1-8 所示。

2）将计算机的设备名称复制到许可证对应的位置中，按下〈Ctrl+S〉键保存后关闭，如图 1-9 所示。

3）鼠标右击 SPLMLicenseServer_v11.0.0_win_setup.exe 文件，在快捷菜单中选择"以管理

员身份运行"，如图 1-10 所示。

图 1-8　打开许可证

图 1-9　替换设备名称

图 1-10　运行 SPLMLicenseServer_v11.0.0_win_setup

4）安装语言选择"简体中文"，单击"OK"按钮，如图 1-11 所示。

5）单击"前进"按钮，如图 1-12 所示。

图 1-11　选择安装语言　　　　　图 1-12　SPLMLicenseServer_v11.0.0_win_setup 安装向导

6）选择好安装目录（不允许有中文路径），单击"前进"按钮，如图 1-13 所示。

图 1-13　选择安装路径

7）许可证文件路径选择 NX1969.lic 文件，选择完成后单击"前进"按钮，如图 1-14 所示。

图 1-14　选择许可证文件路径

8）单击"前进"按钮，如图 1-15 所示。

9）等待安装完成，如图 1-16 所示。

10）许可证程序启动，单击"前进"按钮，如图 1-17 所示。

图 1-15　预安装汇总

图 1-16　等待安装完成

11）安装完成，如图 1-18 所示。

图 1-17　启动许可证程序

图 1-18　安装完成

3. 开启 Siemens PLM License Server

1）找到 Siemens PLM License Server 的安装路径，鼠标右击 lmtools，在快捷菜单中选择"以管理员身份运行"，如图 1-19 所示。

2）进入 Start/Stop/Reread 界面。先单击 Stop Server，显示 Stopping Server 后表示停止成功，如图 1-20 所示。

图 1-19　运行 lmtools

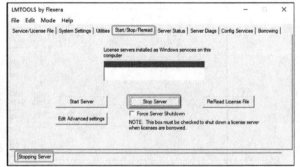

图 1-20　停止 PLM License Server

3）单击 Config Services，如图 1-21 所示。

4）单击 Path to the license file 右侧的"Browse"按钮，选择 NX1969.lic 许可证，打开完成后保存修改，如图 1-22 所示。

5）进入 Start/Stop/Reread 界面，单击 Start Server，显示 Server Start Successful 则表示成功开启服务，如图 1-23 所示。

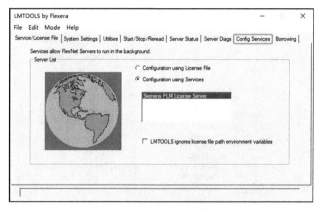

图 1-21 进入 Config Services

图 1-22 修改许可证路径

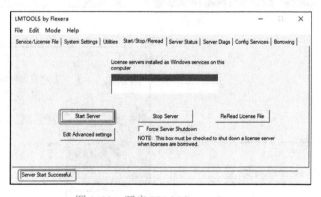

图 1-23 开启 PLM License Server

4. 安装 Siemens NX 软件

1）鼠标右击 Launch，在快捷菜单中选择"以管理员身份运行"，如图 1-24 所示。

图 1-24 运行 Launch.exe

2）单击 Install NX，如图 1-25 所示。

3）安装语言选择"中文（简体）"，单击"确定"按钮，如图 1-26 所示。

4）单击"下一步"按钮，如图 1-27 所示。

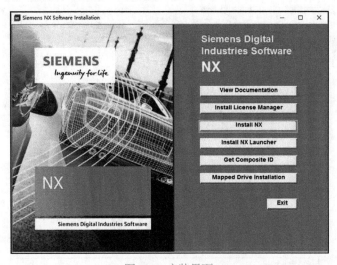

图 1-25 安装界面

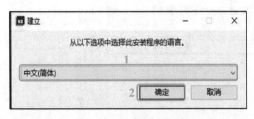

图 1-26 选择安装语言

图 1-27 安装向导

5）选择好安装目录（不允许有中文路径），单击"下一步"按钮。如图 1-28 所示。

6）将主机名字修改为计算机的设备名字，单击"下一步"按钮，如图 1-29 所示。

图 1-28　选择安装路径

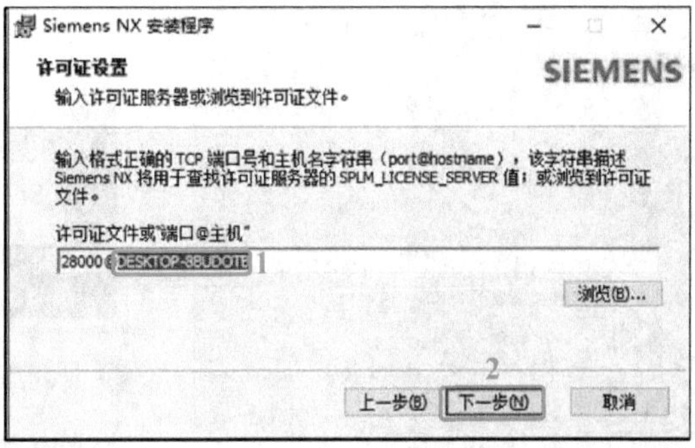

图 1-29　许可证设置

7）选择 Siemens NX 软件的默认语言，单击"下一步"按钮，如图 1-30 所示。

8）单击"安装"按钮，如图 1-31 所示。

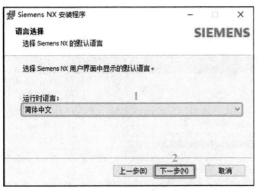

图 1-30　选择默认语言

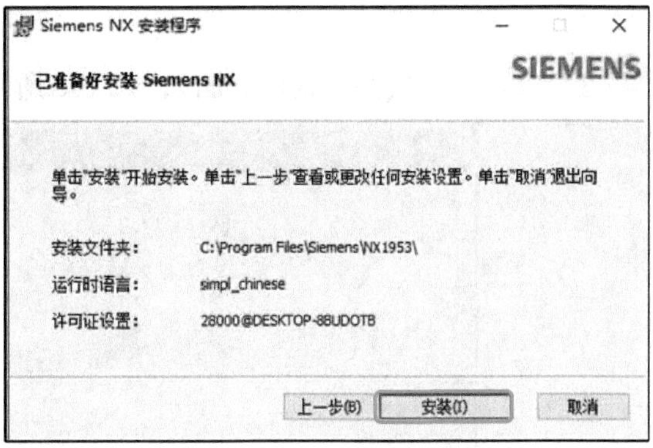

图 1-31　确认安装

9）等待 NX 软件安装完成，如图 1-32 所示。

10）单击"完成"按钮，如图 1-33 所示。

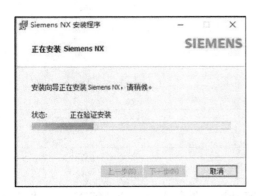

图 1-32　等待安装完成

图 1-33　安装完成

5. 打开 Siemens NX

1）在"开始"菜单的 Siemens NX 文件夹中，将 NX 软件拖曳到计算机桌面，如图 1-34 所示。

2）打开 NX 软件，单击"确定"按钮，如图 1-35 所示。

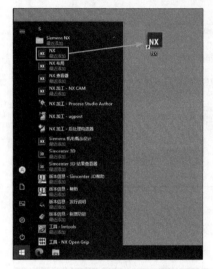

图 1-34　放置 NX 软件至计算机桌面　　　　　　　　　　　　图 1-35　进入界面

3）成功打开软件。软件界面如图 1-36 所示。

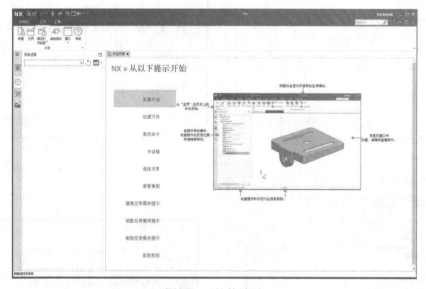

图 1-36　软件界面

1.3　创建机电概念设计环境

任务目标　掌握创建机电概念设计环境的方法。

启动 NX 软件后，显示的界面如图 1-37 所示。打开机电概念设计（NX MCD）有三种不同的方法，介绍如下。

图 1-37　NX 软件显示界面

1. 直接创建新的 NX MCD

在打开的 NX 软件界面中，单击上方工具栏的"新建"按钮，在弹出的"新建"对话框中选择"机电概念设计"，在"新建"对话框的下方可更改文件名及文件存放位置。如图 1-38 所示。

图 1-38　新建机电概念设计

在"新建"对话框的模板中有两个基础选项，分别为"常规设置"和"空白"。选择"常规设置"会创建一个自带名为"Floor"的碰撞体项目；选择"空白"会创建一个完全空白的项目，如图 1-39 所示。

在打开的 NX MCD 项目中，可以更改背景颜色，一般常用"渐变浅灰色背景"选项。操作方法：右击模型视图中空白处，在弹出的快捷菜单中选择"背景"→"渐变浅灰色背景"，如图 1-40 所示。

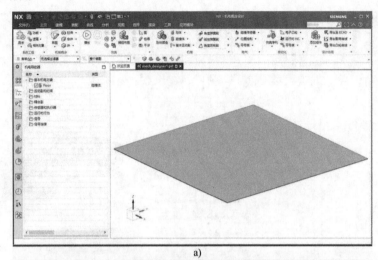

a)

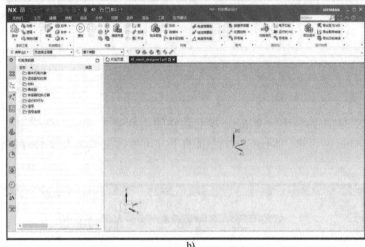

b)

图 1-39　基础选项

a)"常规设置"选项　b)"空白"选项

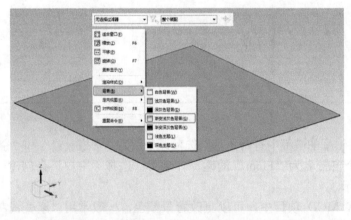

图 1-40　更改背景颜色

2. 打开现有 NX MCD 文件

在打开的 NX 软件界面中，单击上方工具栏中的"打开"按钮，在弹出的"打开"对话框中选择所需的部件文件（.prt），然后单击"确定"按钮即可完成。如图 1-41 所示。

图 1-41　打开现有文件

3. 导入 STEP 文件后打开 NX MCD

STEP 文件是一种基于 ISO 标准交换格式的 3D 模型文件，一般主流的三维设计软件都可以导出或导入 STEP 格式的文件，例如，UG NX、SolidWorks、Creo 等。

在打开的 NX 软件界面中，单击上方工具栏的"打开"按钮，在弹出的"打开"对话框中"文件类型"选择"所有文件（*.*）"，然后选择所需的 STEP 文件，单击"确定"按钮打开文件，如图 1-42 所示。

图 1-42　打开 STEP 文件

打开 STEP 文件后，等待模型出现，打开操作完成后显示的是"建模"模块。

打开机电概念设计模块方法如下：在上方菜单栏中选择"应用模块"，然后选择"更多"→

"机电概念设计"，即可打开机电概念设计模块，如图 1-43 所示。

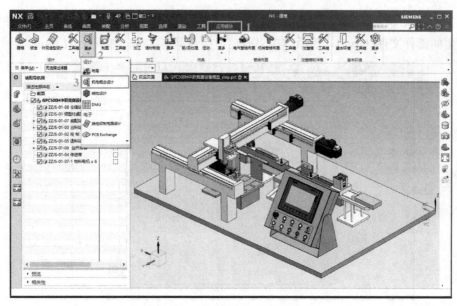

图 1-43　打开机电概念设计模块

进入机电概念设计模块后的显示如图 1-44 所示。

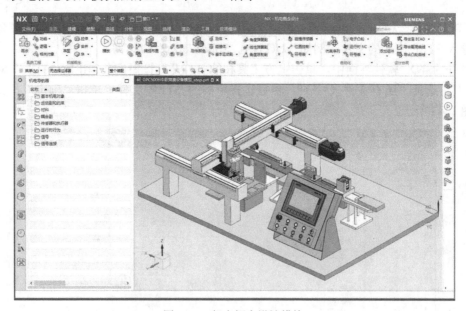

图 1-44　机电概念设计模块

1.4　机电概念设计模块介绍

任务目标　掌握 NX MCD 界面组成和 NX MCD 的功能。

本节分别对 NX MCD 的界面组成和 NX MCD 的常用功能进行介绍。

1. NX MCD 界面组成

打开 NX 的机电概念设计模块后，显示的 MCD 界面由"文件"菜单、选项卡栏、命令栏、资源条、上/右边框条和提示行等组成，下面分别进行介绍，如图 1-45 所示。

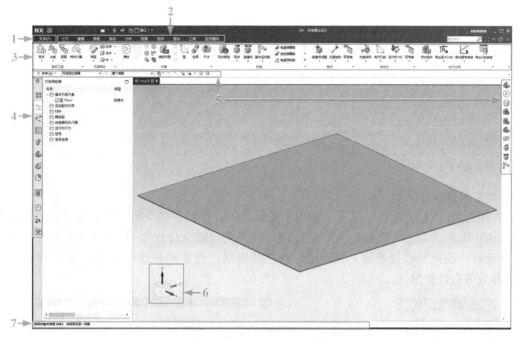

图 1-45　机电概念设计模块的界面

（1）"文件"菜单　主要包含了对文件的操作、系统设置、导入/导出不同格式的文件等功能。

（2）选项卡栏　由"主页""建模""装配""曲线""分析""视图""选择""渲染""工具"和"应用模块"十个选项卡组成。"主页"选项卡主要由 MCD 模块的命令组成，其他的选项卡可用于 NX 中的其他模块命令。

（3）命令栏　显示选项卡的命令，便于快捷操作。

（4）资源条　由不同的导航器组成，将完成的命令按功能进行分类。

（5）上/右边框条　上边框条可自定义一些常用命令放置于此；右边框条显示最近使用的命令和预计可能会使用的命令。

（6）世界坐标　系统的绝对坐标系，全局坐标系轴的方向与世界坐标三重轴方向相同。也可通过单击此处变换不同视角。

（7）提示行　显示当前的操作或运行状态。

2. NX MCD 常用功能介绍

NX MCD 的功能非常多，其中主要使用的功能分别是"文件"菜单命令、"主页"选项卡命令及资源条，下面对这三个功能进行介绍。

（1）"文件"菜单命令　单击"文件"菜单，打开 "文件"菜单命令，在此能对当前文件进行保存、关闭等操作，还能够新建文件，打开不同的文件，如图 1-46 所示。

图 1-46 "文件"菜单命令

一些常用操作介绍如下。

1）首选项。"首选项"子菜单主要用于系统设置，包括各模块的设置、用户界面设置等。如图 1-47 所示，单击"文件"→"首选项"→"机电概念设计"，打开"机电概念设计首选项"对话框。在此可以设置重力加速度、仿真精度等，设置的参数仅对当前 NX 有效，重启 NX 后参数将会恢复默认。

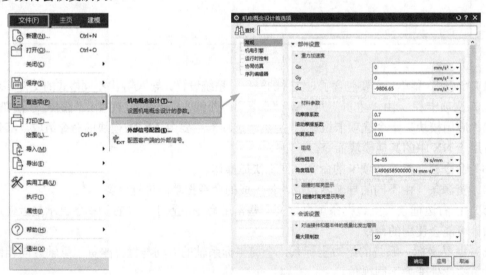

图 1-47 打开"机电概念设计首选项"对话框

2）实用工具。在"实用工具"的"用户默认设置"对话框中可以进行初始设置，在此处设置的参数对 NX 一直有效，重启 NX 后不会恢复默认。单击"文件"→"实用工具"→"用户默认设置"，打开"用户默认设置"对话框，对"机电概念设计"进行用户默认设置，如图 1-48 所示。

（2）"主页"选项卡命令 "主页"选项卡由"系统工程""机械概念""仿真""机械""电气""自动化"及"设计协同"等组组成，如图 1-49 所示。

图 1-48　"机电概念设计"进行用户默认设置

图 1-49　"主页"选项卡

1）"系统工程"组。系统工程模型一般在 Teamcenter 中完成创建，然后导入到 NX MCD 中，以便在设备设计过程中使用。系统工程模型分为三种，即需求模型、功能模型和逻辑模型，如图 1-50 所示。

2）"机械概念"组。"机械概念"组的命令主要用于三维模型的建模快捷操作。在这里可以进行草图绘制，拉伸/旋转草图生成模型，模型合并/减去，快速创建标准几何体等操作，如图 1-51 所示。

图 1-50　"系统工程"组　　　　　　　　　图 1-51　"机械概念"组

3）"仿真"组。"仿真"组的主要作用是控制仿真的启停、调整时间标度等，以及进行快照、运动干涉验证等操作，如图 1-52 所示。

图 1-52　"仿真"组

4）"机械"组。"机械"组的命令主要用于配置部件的物理特性，如刚体、碰撞体、运动副、耦合副、约束和定制行为等命令，也能够控制刚体颜色的开启/关闭。"机械"组的命令可对部件进行重力、摩擦力和弹力等物理参数的配置，给予模型物料特性。"机械"组的命令是机电一体化概念设计的主要部分之一，如图 1-53 所示。

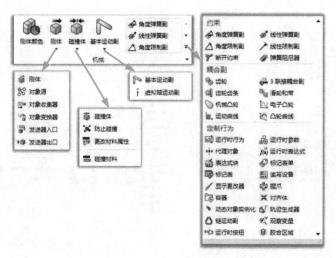

图1-53 "机械"组

5）"电气"组。"电气"组的命令主要用于配置部件的电气属性与信号连接，如各类传感器、运动控制、信号等命令。"电气"组的命令可对部件进行电气信号、运动驱动等的配置，给予模型运动特性，是机电一体化概念设计的主要部分之一，如图1-54所示。

图1-54 "电气"组

6）"自动化"组。"自动化"组的命令主要用于设置时间顺序控制、凸轮曲线的导入/导出、外部控制器的信号连接等，如仿真序列、电子凸轮以及配置外部信号等。"自动化"组的命令可对模型进行仿真调试、信号配置等操作，在机电一体化概念设计中承担控制功能，如图1-55所示。

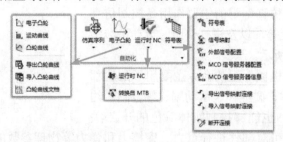

图1-55 "自动化"组

7）"设计协同"组。"设计协同"组的命令主要用于组件的添加、移动等操作和 ECAD 的导入/导出、载荷曲线导出、电机模型导入等操作，可让设计者在进行 NX MCD 设计时提高效率，如图 1-56 所示。

（3）资源条　资源条由机电导航器、运行时察看器、装配导航器和序列编辑器等组成，如图 1-57 所示。常用的选项介绍如下。

1）机电导航器。机电导航器用于显示设置完成的机电对象，可对完成的机电对象进行修改。机电导航器根据性质不同将机电对象分成了八类：基本机电对象、运动副和约束、材料、耦合副、传感器和执行器、运行时行为、信号和信号连接。如图 1-58 所示。

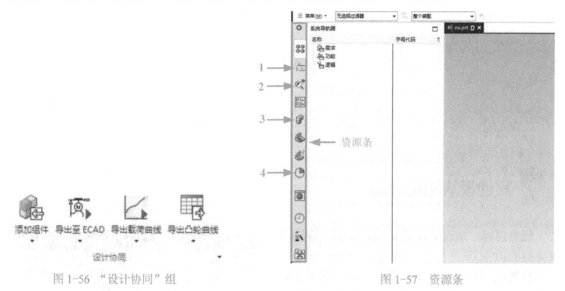

图 1-56　"设计协同"组

图 1-57　资源条

2）运行时察看器。运行时察看器用于仿真的时候显示机电对象在运行时的数据变化，能够更加直观地监测数据，如图 1-59 所示。

图 1-58　机电导航器

图 1-59　运行时察看器

3）装配导航器。装配导航器用于管理各个零部件的情况，可对某个或者某部分零部件进行隐藏/显示或修改等操作，如图 1-60 所示。

4）序列编辑器。序列编辑器用于查看仿真序列的设置情况和运行情况，可对多个仿真序列进行链接等操作，如图 1-61 所示。

图 1-60　装配导航器

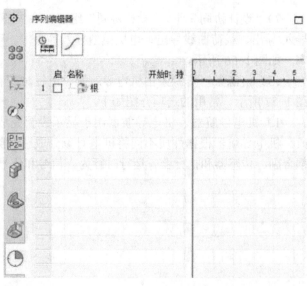

图 1-61　序列编辑器

1.5　其他模块功能介绍

任务目标　掌握 NX 的装配、分析、视图及快捷键的功能。

在机电一体化概念设计的过程中，常需用到其他模块的一些命令，以便能够更好地完成机电一体化概念设计。例如，装配模块中组件的添加、移动和约束，分析模块中的测量，视图中的正三轴测图以及 NX 的快捷键操作等。下面对这些模块命令进行介绍。

图 1-62　"装配"选项卡

1. 装配模块

装配模块主要是对组件的操作，例如，有添加组件、新建组件、移动组件、装配约束等功能。打开方式为：机电概念设计界面→"装配"选项卡，如图 1-62 所示。常用的命令介绍如下。

（1）添加组件

1）"添加组件"命令说明。该命令可在工作部件中添加一个或多个部件。

2）添加组件的参数含义。通过"装配"选项卡打开"添加组件"对话框，如图 1-63 所示。"添加组件"对话框中的各参数含义见表 1-2。

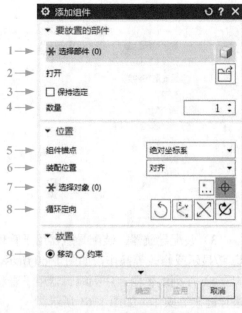

图 1-63　"添加组件"对话框

表 1-2 "添加组件"对话框参数含义

序号	参数名称	含义
1	选择部件	可选择一个或多个部件添加进工作部件中
2	打开	打开"部件名"对话框,可在列表中选择一个或多个部件添加进工作部件中
3	保持选定	选中之后可保持部件选择,在下一次添加部件操作中可快速添加该部件
4	数量	设置添加部件要创建的数量
5	组件锚点	默认为绝对坐标系,即部件的绝对原点
6	装配位置	对齐:根据装配方位和鼠标指针位置选择放置面 绝对坐标系-工作部件:组件锚点放置在工作部件的绝对原点处 绝对坐标系-显示部件:组件锚点放置在显示部件的绝对原点处 工作坐标系:组件锚点放置在当前工作坐标系位置和方向上
7	选择对象	装配位置选择为"对齐"时,可通过"选择对象"选项选择工作部件与之对齐
8	循环定向	重置:重置已对齐的位置和方向 WCS:将组件定向至工作坐标系 反向:反转选定锚点的 Z 向 旋转:围绕 Z 轴将组件从 X 轴旋转 90° 到 Y 轴
9	放置	移动:用于通过"点"对话框或坐标系控制器指定部件的方向和位置 约束:用于通过装配约束放置部件

【例 1-1】 添加气缸部件。

在"底板.prt"中添加"气缸缸体.prt"和"气缸活塞.prt"两个部件。具体操作如下:

① 打开"子任务 3 其他模块功能介绍"文件夹中的"气缸文件",将"气缸缸体.prt"和"气缸活塞.prt"复制至"子任务 3 其他模块功能介绍"中的"#总装配文件",如图 1-64 所示。

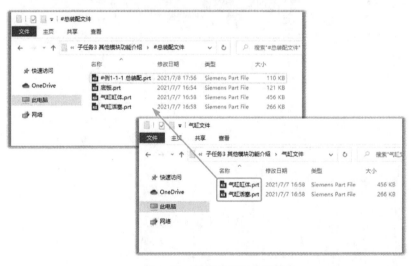

1.1 添加气缸部件

图 1-64 制作总装配体文件夹

② 打开"#总装配文件"中的"#例 1-1 总装配.prt",然后打开"添加组件"对话框,单击 图标按钮,在"部件名"对话框中选中"气缸缸体.prt"和"气缸活塞.prt"两个部件,单击"确定"按钮,如图 1-65 所示。

③ 单击"选择对象",将鼠标放置底板侧面,如图 1-66 所示。

④ 完成后单击"确定"按钮,结果如图 1-67 所示。

(2)移动组件

1)"移动组件"命令说明。该命令可在装配中移动一个或多个组件,可以动态移动组件或创建临时约束，以将组件移动到位。

图 1-65　选择添加的部件

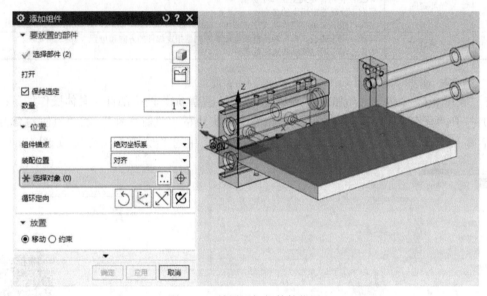

图 1-66　放置添加部件的位置

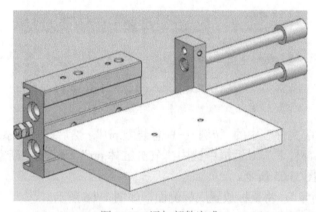

图 1-67　添加部件完成

2）移动组件的参数含义。通过"装配"选项卡打开"移动组件"对话框，如图 1-68 所示。"移动组件"对话框中的各参数含义见表 1-3。

图 1-68　"移动组件"对话框

表 1-3　"移动组件"对话框参数含义

序号	参数名称	含义
1	选择组件	用于选择一个或多个要移动的组件
2	运动	指定所选组件的移动方式（一般选择"动态"方式）
3	指定方位	指定组件移动的方位，可在"场景"对话框中输入 X、Y 和 Z 值，也可使用手柄拖动或旋转组件
4	只移动手柄	选中后只移动手柄，不会移动组件

【例 1-2】　移动气缸部件。

使用【例 1-1】中完成的模型，将添加的两个部件移动到合适的位置。具体操作如下：

① 打开"移动组件"对话框，"选择组件"设置为"气缸缸体"和"气缸活塞"，如图 1-69 所示。

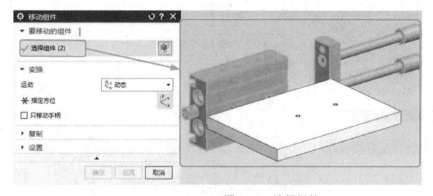

1.2　移动气缸部件

图 1-69　选择组件

② "运动"选择"动态"，单击"指定方位"，单击手柄"YC"轴与"ZC"轴之间的旋转点，"角度"输入"90"，按下〈Enter〉键，完成旋转，如图 1-70 所示。

③ 分别拖动手柄"XC""YC"和"ZC"末端的箭头，将组件移动到如图 1-71 所示的位置。完成后单击"应用"按钮。

④ 打开"移动组件"对话框，"选择组件"设置为"气缸活塞"，如图 1-72 所示。

⑤ 将"气缸活塞"移动至如图 1-73 所示位置，完成后单击"确定"按钮。

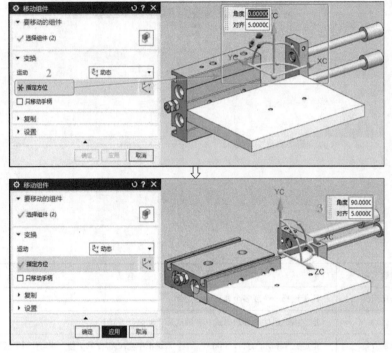

图 1-70　旋转组件

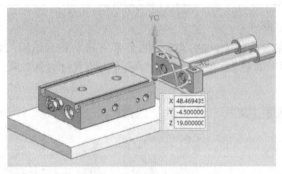

图 1-71　移动组件

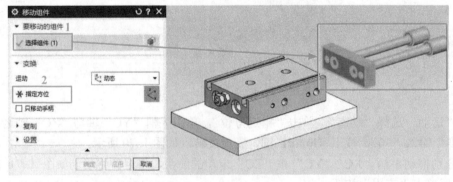

图 1-72　选择组件

（3）装配约束

1）"装配约束"命令说明。使用"装配约束"命令可以移除组件的自由度来限制组件的运动。

　　2）装配约束的参数含义。通过"装配"选项卡打开"装配约束"对话框，如图 1-74 所示。"装配约束"对话框中的各参数含义见表 1-4。

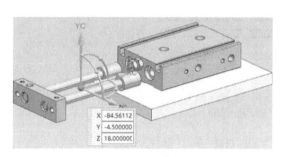

图 1-73　移动组件

图 1-74　"装配约束"对话框

表 1-4　"装配约束"对话框中参数含义

序号	参数名称	含义
1	▶◀ 接触对齐	约束两个对象以使它们相互接触或对齐
	◎ 同心	约束两条圆边或椭圆以使中心重合并使边的平面共面
	▶◀ 距离	指定两个对象之间的 3D 距离
	⊥ 固定	将对象固定在其当前位置
	∥ 平行	将两个对象的方向矢量定义为相互平行
	╲ 垂直	将两个对象的方向矢量定义为相互垂直
	⇥ 对齐/锁定	对齐不同对象中的两个轴，同时防止绕公共轴旋转
	= 等尺寸配对	约束具有等半径的两个对象
	▶◀ 胶合	将对象约束到一起以使它们作为刚体移动
	╟╢ 中心	使一个或两个对象处于一对对象的中间，或者使一对对象沿着另一对象并处于中间
	△ 角度	指定两个对象之间的角度
2	要约束的几何体	选择约束类型后，根据所选的约束选择几何体

　　【例 1-3】　装配约束气缸。

　　使用【例 1-2】完成的模型，根据如图 1-75 所示的气缸装配图，将【例 1-2】中的气缸缸体和气缸活塞进行装配约束。具体操作如下：

　　① 打开"装配约束"对话框，单击"距离"约束按钮▶◀，两个要约束对象分别设置为如图 1-76 所示两个面。这里需要注意，先选择的部件，先移动，后者不会移动。

1.3　装配约束气缸

　　② 将距离修改为气缸装配工程图中指定的距离，即 17mm，单击"应用"按钮，如图 1-77 所示。

　　③ 单击"接触对齐"约束按钮，"方位"选择"查找最接近的"，两个要约束的对象分别设置为气缸缸体底面和底板的顶面，如图 1-78 所示。接触完成如图 1-79 所示。

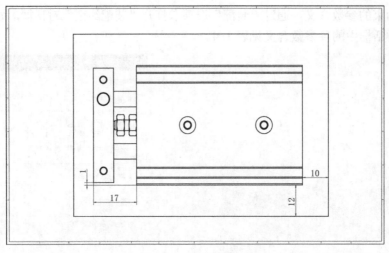

图 1-75　气缸装配图

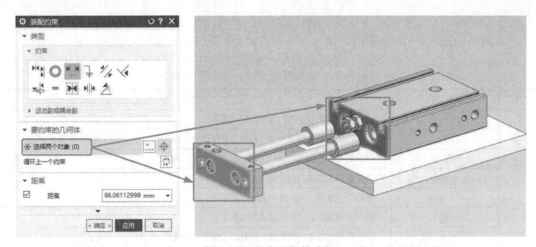

图 1-76　约束对象的选择

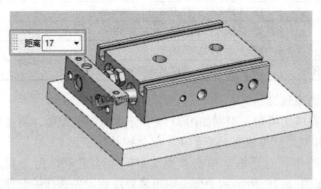

图 1-77　设定距离

其他的约束都可以根据气缸装配工程图使用"距离"约束进行设置，这里不再赘述，完成后如图 1-80 所示。

最后，在资源条的装配导航器中，将全部约束删除，这是为了避免后续装配大型设备时过多约束造成冲突。删除后不会改变装配的位置，如图 1-81 所示。

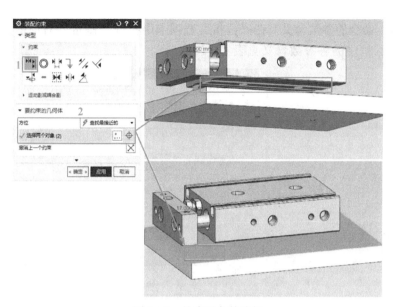

图 1-78　约束对象的选择

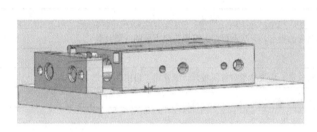

图 1-79　接触完成

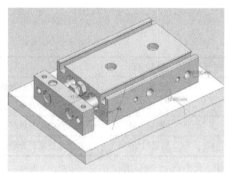

图 1-80　完成示意图

2. 分析模块

分析模块中最常用的是"测量"命令，主要用于测算部件之间的距离等。打开方式为：机电概念设计界面→"分析"选项卡，如图 1-82 所示。下面介绍"测量"命令的使用方法。

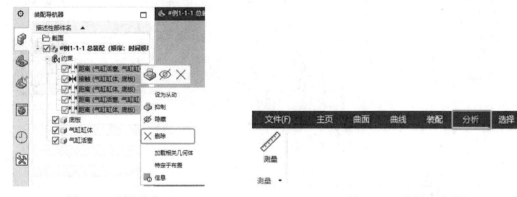

图 1-81　删除约束　　　　　　　　　　图 1-82　"分析"选项卡

（1）"测量"命令说明　使用"测量"命令可以分析模型并为选择的对象创建测量。

（2）"测量"命令的参数含义　在"分析"选项卡中打开"测量"对话框，如图 1-83 所示。"测量"对话框中的各参数含义见表 1-5。

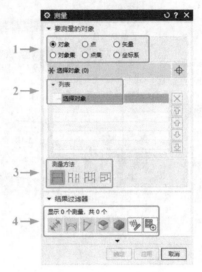

图 1-83　"测量"对话框

表 1-5　"测量"对话框中参数含义

序号	参数名称	含义
1	选择类型	指定可以选择的测量对象的类型。每次选择后，可以指定不同的对象类型
2	列表	列出选择的对象
3	测量方法	分为自由、对象对、对象链、通过参考对象四种，一般常用"自由"方法
4	结果过滤器	方便选择需要查看的结果

【例 1-4】　测量组件尺寸。

使用【例 1-3】完成的模型，根据装配图的距离验证装配约束的距离是否准确。具体操作如下：

① 打开"测量"对话框，"要测量的对象"选择"对象"，选择如图 1-84 所示两个面，可看到列表中出现"对象 1"和"对象 2"。

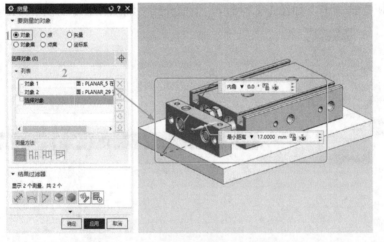

1.4　测量组件尺寸

图 1-84　选择对象

② 再将"要测量的对象"选择为"矢量",选择"X 轴"方向,如图 1-85 所示。最后得到两个面之间最小投影间隙,如图 1-86 所示。其他尺寸按同样方法测量,验证其正确性。

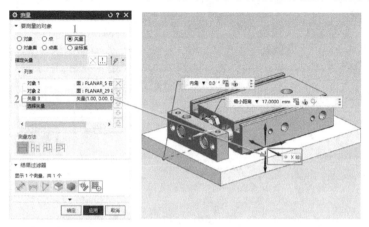

图 1-85　选择矢量

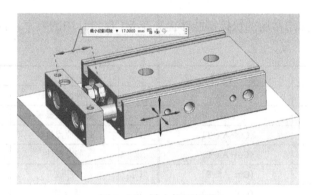

图 1-86　最小投影间隙

3. 视图及快捷键

常用视图有正三轴测图、正等测图、前视图等。工作区空白处单击鼠标右键,在快捷菜单中选择"定向视图",即可看到各个视图以及其快捷方式,如图 1-87、图 1-88 所示。

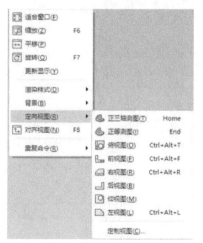

图 1-87　打开视图方式

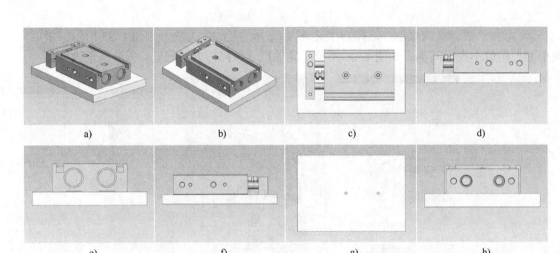

图 1-88 各视图效果

a) 正三轴测图 b) 正等测图 c) 俯视图 d) 前视图 e) 右视图 f) 后视图 g) 仰视图 h) 左视图

在 NX MCD 中，熟悉常用的快捷键能够提高在 MCD 设计中的效率，常用快捷键见表 1-6。

表 1-6 常用快捷键

序号	操作	快捷键	序号	操作	快捷键
1	正三轴测图	〈Home〉	9	部件原点旋转	按住鼠标中键拖动
2	正等测图	〈End〉	10	编辑对象显示	〈Ctrl+J〉
3	俯视图	〈Ctrl+Alt+T〉	11	鼠标原点旋转	长按鼠标中键拖动
4	前视图	〈Ctrl+Alt+F〉	12	隐藏部件	〈Ctrl+B〉
5	右视图	〈Ctrl+Alt+R〉	13	缩放	按住鼠标左键和中键拖动
6	左视图	〈Ctrl+Alt+L〉	14	显示部件	〈Ctrl+Shift+K〉
7	适合窗口	双击鼠标左键	15	平移	按住鼠标中键和右键拖动
8	对齐视图	〈F8〉	16	重复上一个命令	〈F4〉

第2章 基本机电对象

基本机电对象是给三维模型设置物理属性，使模型能够仿真真实世界物体的物理特性。基本机电对象包括刚体、碰撞体、对象源、对象收集器、对象变换器和碰撞材料等，碰撞传感器属于传感器，但为了方便介绍对象收集器和对象变换器的使用，所以将碰撞传感器放在本章中一同介绍。

2.1 刚体

任务目标　掌握刚体的性质和"刚体"命令的使用。

1．刚体的概念

刚体（Rigid Body）是指在运动过程中和受到力作用后，形状和大小不变，而且内部各点的相对位置不变的物体。

2.1　刚体

在 NX MCD 中，将三维模型设置为刚体对象后，该模型在仿真过程中就具备了质量，能受到重力的影响，拥有惯性、平移、角速度等物理属性，非刚体的模型则是完全静止的。需要注意的是，一个或多个模型上只能设置一个刚体对象。

2．创建刚体

打开"刚体"对话框的方式有三种，介绍如下。

（1）方式一　在机电概念设计环境中单击"主页"选项卡→"刚体"，如图 2-1 所示。

图 2-1　打开"刚体"对话框方式一

（2）方式二　在资源条中单击"机电导航器"选项卡→右击"基本机电对象"→单击"新建"→"刚体"，如图 2-2 所示。

（3）方式三　在机电概念设计环境中单击"菜单"选项→"插入"→"基本机电对象"→"刚体"，如图 2-3 所示。

3．刚体参数含义

如图 2-4 所示，打开"刚体"对话框，各参数的含义见表 2-1。

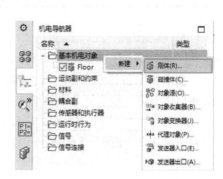

图 2-2　打开"刚体"对话框方式二

图 2-3　打开"刚体"对话框方式三　　　　　图 2-4　"刚体"对话框

表 2-1　刚体参数含义

序号	参数名称	含义
1	选择对象	选择一个或多个几何体，系统将会根据所选择的对象生成一个刚体
2	质量属性	选择"自动"，系统根据材料属性计算质量和惯性矩；选择"用户自定义"，用户手动输入参数（一般选择"自动"）
3	指定质心	选择一个点作为刚体的质心
4	指定对象的坐标系	定义对象的坐标系，该坐标系将作为计算惯性矩的依据
5	质量	设置对象的质量值
6	惯性矩	设置惯性矩以定义惯性矩阵
7	名称	设置刚体的名称

4. 实战演练

【例 2-1】　打开"#例 2-1 刚体 练习.prt"，对模型中的一个方块进行刚体设置。

要求实现仿真效果：单击"播放"按钮运行仿真，能看到设置为刚体的方块受到重力的影响而自由下落，没设置为刚体的方块静止不动。具体操作如下：

1）打开"刚体"对话框，"选择对象"设置为左边的方块，"质量属性"选择"自动"，命名为"刚体"，如图 2-5 所示。

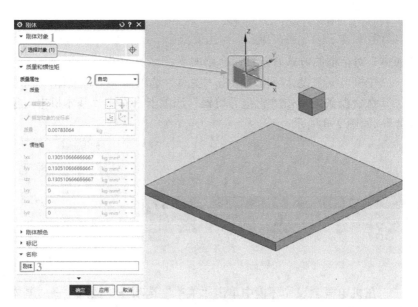

图 2-5　设置刚体

2）设置完成后单击"播放"按钮⊙，观察仿真运行效果，如图 2-6、图 2-7 所示。

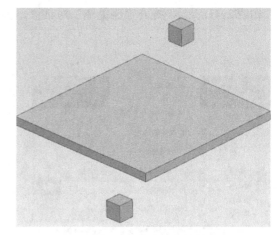

图 2-6　单击"播放"按钮　　　　　　　图 2-7　仿真运行效果

2.2　碰撞体

任务目标　掌握碰撞体的性质和"碰撞体"命令的使用。

1. 碰撞体的概念

碰撞体（Collision Body）是指能够与其他物理对象发生干涉的几何体。

在 NX MCD 中，碰撞体需要与刚体一起设置在模型上才能触发碰撞。在仿真过程中，若是两个刚体都设置为碰撞体，则它们之间能够发生碰撞；若是刚体没有设置为碰撞体，它们之间则会彼此相互穿过。

2.2　碰撞体

2. 创建碰撞体

打开"碰撞体"对话框的方式有三种，介绍如下。

（1）方式一　在机电概念设计环境中单击"主页"选项卡→"碰撞体"，如图2-8所示。

（2）方式二　在资源条中单击"机电导航器"选项卡→右击"基本机电对象"→单击"新建"→"碰撞体"，如图2-9所示。

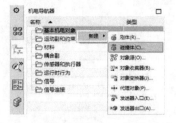

图2-8　打开"碰撞体"对话框方式一　　　　图2-9　打开"碰撞体"对话框方式二

（3）方式三　在机电概念设计环境中单击"菜单"选项→"插入"→"基本机电对象"→"碰撞体"，如图2-10所示。

3. 碰撞体参数含义

如图2-11所示，打开"碰撞体"对话框，各参数的含义见表2-2。

图2-10　打开"碰撞体"对话框方式三

图2-11　"碰撞体"对话框

表2-2　碰撞体参数含义

序号	参数名称	含义
1	选择对象	选择一个或多个对象，系统将会根据所选择的对象生成碰撞体
2	碰撞形状	选择碰撞形状，包含方块、球、圆柱、胶囊、凸多面体、多个凸多面体、网格面

（续）

序号	参数名称	含义
3	形状属性	选择"自动"，系统将根据所选对象和碰撞形状自动计算碰撞体；选择"用户定义"，用户手动输入相关参数
4	指定坐标系	选择"用户定义"时可用，用于选择碰撞形状的中心点
5	碰撞形状参数和尺寸	"形状属性"选择"自动"，系统自动计算碰撞形状的参数和尺寸；"形状属性"选择"手动"，根据所选的碰撞形状不同，用户可自定义碰撞形状的参数和尺寸
6	碰撞材料	为碰撞体设置碰撞材料或新建碰撞材料。碰撞材料决定以下属性：动摩擦、滚动摩擦系数、恢复系数
7	类别	碰撞体类别默认为 0，0 表示能够与任何其他类别的碰撞体发生碰撞。如果设置不同的碰撞类别，则碰撞体仅与具有相同的碰撞类别或碰撞类别为 0 的碰撞体发生碰撞
8	碰撞设置	碰撞时高亮显示：当与应用了相同的碰撞类别的其他几何体接触时，碰撞形状突出显示碰撞时粘连：设置碰撞体附加到另一个碰撞体，要求所选两个碰撞体都同时选中此选项
9	名称	设置碰撞体的名称

4. 碰撞体的碰撞形状

在 NX MCD 中，碰撞体的形状共有七种，分别是方块、球、圆柱、胶囊、凸多面体、多个凸多面体和网格面，具体信息见表 2-3。

一般来说，碰撞形状的几何精度越高，越会增加穿透失败和模拟不稳定的可能性，也会占用更多的计算资源和性能，导致整个模型不稳定，发生抖动、延迟等。所以一般推荐使用最简化的碰撞形状设置碰撞体，以有效降低占用的资源和性能。

根据碰撞形状的几何精度不同，碰撞形状的仿真性能从高到低依次是：方块→球→圆柱→胶囊→凸多面体→多个凸面体→网格面。

表 2-3　碰撞体的形状

序号	碰撞形状	实例图片	几何精度	可靠性	仿真性能
1	方块		低	高	高
2	球		低	高	高
3	圆柱		低	高	高
4	胶囊		低	高	高
5	凸多面体		中	高	中
6	多个凸多面体		中	高	中
7	网格面		高	低	低

5. 实战演练

【例 2-2】 打开"#例 2-2 碰撞体 练习.prt"，按要求进行碰撞体的设置。

要求实现仿真效果：单击"播放"按钮运行仿真，能看到方块掉落在平台上。具体操作如下：

1）打开"碰撞体"对话框，"选择对象"设置为方块，"碰撞形状"设置为"方块"，"形状属性"选择"自动"，其他参数默认，命名为"碰撞体 1"，如图 2-12 所示。

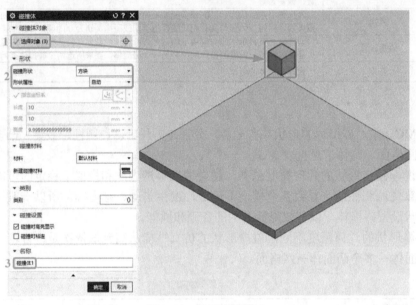

图 2-12　设置碰撞体 1

2）打开"碰撞体"对话框，"选择对象"设置为平台，"碰撞形状"设置为"方块"，"形状属性"选择"自动"，其他参数默认，命名为"碰撞体 2"，如图 2-13 所示。

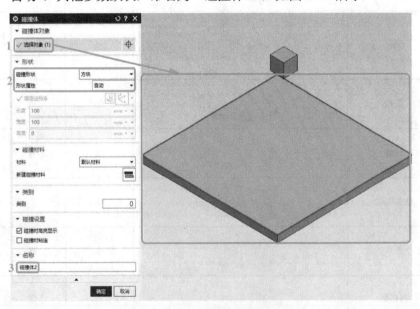

图 2-13　设置碰撞体 2

3）设置完成后单击"播放"按钮，观察仿真运行效果，如图 2-14 所示。

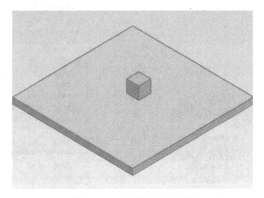

图 2-14　仿真运行效果

2.3　对象源

任务目标　掌握对象源的性质和"对象源"命令的使用。

1. 对象源的概念

2.3　对象源

"对象源（Object Source）"命令可以基于时间或基于事件触发，创建多个外观、属性相同的对象，适合在物料流的案例中使用。在 NX MCD 中，常设置对象源与刚体、碰撞体一同使用。

2. 创建对象源

打开"对象源"对话框的方式有三种，介绍如下。

（1）方式一　在机电概念设计环境中单击"主页"选项卡→"刚体"下拉箭头，在弹出的选项菜单中单击"对象源"，如图 2-15 所示。

图 2-15　打开"对象源"对话框方式一

（2）方式二　在资源条中单击"机电导航器"选项卡→右击"基本机电对象"→单击"新建"→"对象源"，如图 2-16 所示。

（3）方式三　在机电概念设计环境中单击"菜单"选项→"插入"→"基本机电对象"→"对象源"，如图 2-17 所示。

3. 对象源参数含义

如图 2-18 所示，打开"对象源"对话框，各参数的含义见表 2-4。

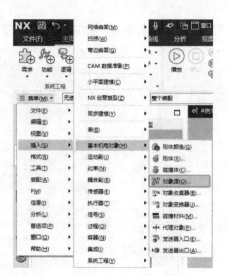

图 2-16 打开"对象源"对话框方式二　　　　　图 2-17 打开"对象源"对话框方式三

图 2-18 "对象源"对话框

表 2-4 对象源参数含义

序号	参数名称	含义
1	选择对象	选择一个或多个对象，选择的对象会生成对象源
2	触发	选择触发复制的方法 基于时间：在特定的时间间隔内触发复制 每次激活一次：每次激活仅发生一次复制
3	时间间隔	选择"基于时间"时可用。设置时间间隔，时间单位有 s、min、h 等
4	开始偏置	选择"基于时间"时可用。设置等待创建第一个对象的秒数
5	名称	设置对象源的名称

4. 实战演练

【例 2-3】 打开"#例 2-3 对象源 练习.prt"，对模型中的方块进行对象源设置。

要求单击"播放"按钮运行仿真，分别实现两种不同的效果：激活一次对象源，生成一个方块；每隔 1s，生成一个方块。

具体操作如下：

（1）每次激活时一次

1）打开"对象源"对话框，"选择对象"设置为方块，触发事件选择"每次激活时一次"，命名为"对象源"，如图 2-19 所示。

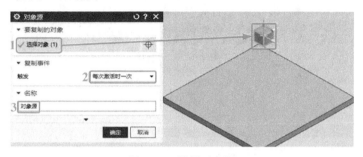

图 2-19 设置对象源

2）设置完成后单击"播放"按钮，选中"对象源"复选框，如图 2-20 所示，观察仿真运行效果，如图 2-21 所示。

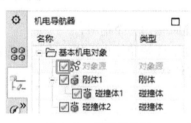

图 2-20 激活对象源

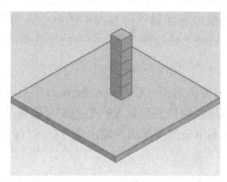

图 2-21 仿真运行效果（1）

（2）基于时间

1）将"对象源"的触发事件修改为"基于时间"，"时间间隔"设置为 1s，如图 2-22 所示。

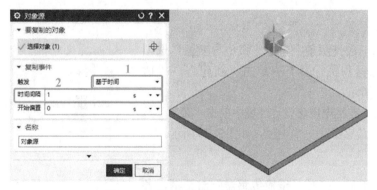

图 2-22 基于时间的对象源设置

2）设置完成后单击"播放"按钮，观察仿真运行效果，如图 2-23 所示。

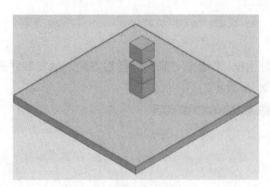

图 2-23 仿真运行效果（2）

2.4 碰撞传感器

任务目标 掌握碰撞传感器的性质和"碰撞传感器"命令的使用。

碰撞传感器属于传感器中的命令，但为了更好地介绍对象收集器的使用，所以将"碰撞传感器"命令放于此章节中。

1. 碰撞传感器的概念

2.4 碰撞传感器

"碰撞传感器（Collision Sensor）"命令会在发生碰撞时输出一个信号，可以利用碰撞传感器触发产生的信号控制某些操作或事件的开始和停止，如更改气缸的状态，还可以利用碰撞传感器的输出信号在运行时表达式中创建计数器。

2. 创建碰撞传感器

打开"碰撞传感器"对话框的方式有三种，介绍如下。

（1）方式一 在机电概念设计环境中单击"主页"选项卡→"碰撞传感器"，如图 2-24 所示。

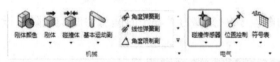

图 2-24 打开"碰撞传感器"对话框方式一

（2）方式二 在资源条中单击"机电导航器"选项卡→右击"传感器和执行器"→单击"新建"→"碰撞"，如图 2-25 所示。

（3）方式三 在机电概念设计环境中单击"菜单"选项→"插入"→"传感器"→"碰撞"，如图 2-26 所示。

3. 碰撞传感器参数含义

如图 2-27 所示，打开"碰撞传感器"对话框，各参数的含义见表 2-5。

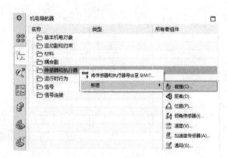

图 2-25 打开"碰撞传感器"对话框方式二

图 2-26　打开"碰撞传感器"对话框方式三　　　　图 2-27　"碰撞传感器"对话框

表 2-5　碰撞传感器参数含义

序号	参数名称	含义
1	类型	选择碰撞传感器不同的执行方式 触发：当检测到碰撞时，传感器触发状态变为 true，否则为 false 交换：每次碰撞发生时，传感器触发状态与当前状态相反，并保持碰撞后的触发状态直到下一次碰撞发生
2	选择对象	选择一个或多个几何对象作为碰撞传感器
3	碰撞形状	碰撞形状，包含方块、球、圆柱、网格面、凸多面体、多个凸多面体
4	形状属性	选择"自动"，系统将根据所选对象和碰撞形状自动计算碰撞传感器区域；选择"用户定义"，用户手动输入相关参数
5	指定坐标系	选择"用户定义"时可用，用于选择碰撞形状的中心点
6	碰撞形状参数和尺寸	"形状属性"选择"自动"，系统自动计算碰撞形状；"形状属性"选择"手动"，根据所选的碰撞形状不同，用户可自定义碰撞形状的参数和尺寸
7	类别	设置碰撞传感器检测到的碰撞体类别。碰撞类别默认为 0，0 表示能检测任何其他类别的碰撞体。如果设置不同的碰撞类别，则碰撞传感器仅能检测具有相同的碰撞类别或碰撞类别为 0 的碰撞体
8	碰撞时高亮显示	碰撞传感器被触发时突出显示
9	检测类型	设置传感器状态何时从活动变为非活动的输入类型 系统：每当具有相应类别的碰撞体接触传感器时，传感器状态就会发生变化 用户：在图形窗口中出现一个控制按钮，可以控制传感器状态 两者：上述两种功能都具备
10	名称	设置碰撞传感器的名称

4．实战演练

【例 2-4】　打开"#例 2-4 碰撞传感器 练习.prt"，对模型中平台进行碰撞传感器的设置。要求实现仿真效果：单击"播放"按钮运行仿真，方块落在平台上，碰撞传感器检测到方块。具体操作如下：

1）打开"碰撞传感器"对话框，"选择对象"设置为平台，"碰撞形状"选择"方块"，"形状属性"选择"自动"，完成后可看到绿色的碰撞范围，如图 2-28 所示。

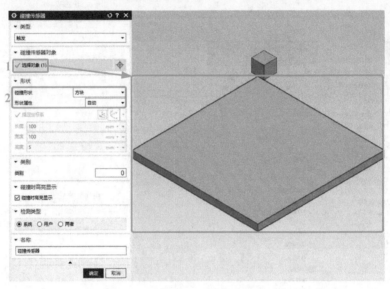

图 2-28　设置碰撞传感器（1）

2）将"形状属性"修改为"用户定义"，单击"指定坐标系"，向上拖动"ZC"轴的箭头，使碰撞体范围上移一段距离，命名为"碰撞传感器"，如图 2-29 所示。

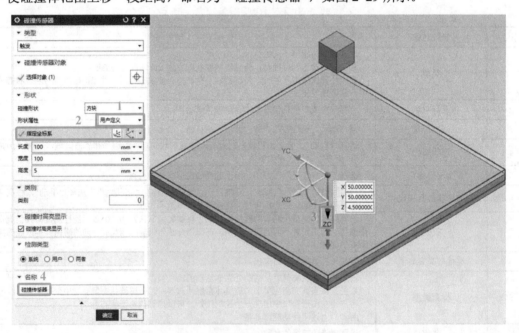

图 2-29　设置碰撞传感器（2）

3）设置完成后单击"播放"按钮，单击"碰撞传感器"，在运行时察看器中，可以观察到该传感器的仿真状态，平台上有方块时，则"已触发"的值为 true，否则为 false，如图 2-30、图 2-31 所示。

图 2-30　运行时察看器

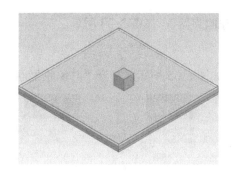

图 2-31　仿真运行效果

<table>
</table>

2.5　对象收集器

任务目标　掌握对象收集器的性质和"对象收集器"命令的使用。

1. 对象收集器的概念

"对象收集器（Object Sink）"命令与"对象源"命令的作用相反，当对象源生成的对象触碰到对象收集器后，将消除对象源生成的对象。在 NX MCD 中，对象收集器需要与碰撞传感器搭配使用。

2.5　对象收集器

2. 创建对象收集器

打开"对象收集器"对话框的方式有三种，介绍如下。

（1）方式一　在机电概念设计环境中单击"主页"选项卡→"刚体"下拉箭头，在弹出的选项菜单中单击"对象收集器"，如图 2-32 所示。

图 2-32　打开"对象收集器"对话框方式一

（2）方式二　在资源条中单击"机电导航器"选项卡→右击"基本机电对象"→单击"新建"→"对象收集器"，如图 2-33 所示。

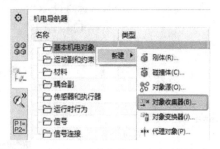

图 2-33　打开"对象收集器"对话框方式二

（3）方式三　在机电概念设计环境中单击"菜单"选项→"插入"→"基本机电对象"→

"对象收集器"，如图 2-34 所示。

3. 对象收集器参数含义

如图 2-35 所示，打开"对象收集器"对话框，各参数的含义见表 2-6。

图 2-34　打开"对象收集器"对话框方式三

图 2-35　"对象收集器"对话框

表 2-6　对象收集器参数含义

序号	参数名称	含义
1	选择碰撞传感器	选择碰撞传感器以触发对象收集器
2	收集的来源	指定对象收集器要收集的对象 任意：消除任何对象源在与碰撞传感器碰撞时生成的对象 仅选定的：消除指定的对象源在与碰撞传感器碰撞时生成的对象
3	名称	设置对象收集器的名称

4. 实战演练

【例 2-5】　打开"#例 2-5 对象收集器 练习.prt"，对模型中平台进行对象收集器的设置。

要求实现仿真效果：单击"播放"按钮运行仿真，方块落在平台上，立即被收集。具体操作如下：

1）打开"对象收集器"对话框，触发器设置为"碰撞传感器"，"收集的来源"选择"任意"，命名为"对象收集器"，如图 2-36 所示。

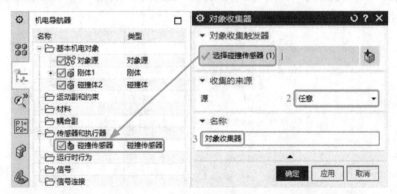

图 2-36　设置对象收集器

2）设置完成后单击"播放"按钮，触发"对象源"，观察仿真运行效果，如图 2-37 所示。

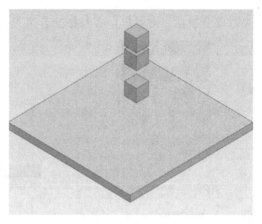

图 2-37　仿真运行效果

2.6　对象变换器

任务目标　掌握对象变换器的性质和"对象变换器"命令的使用。

1. 对象变换器的概念

"对象变换器（Object Transformer）"命令通过将碰撞传感器作为触发器，能够将一个几何体变换为另一个几何体。在 NX MCD 中，对象变换器常用于模拟物料外观的改变。

2.6　对象变换器

2. 创建对象变换器

打开"对象变换器"对话框的方式有三种，介绍如下。

（1）方式一　在机电概念设计环境中单击"主页"选项卡→"刚体"下拉箭头，在弹出的选项菜单中单击"对象变换器"，如图 2-38 所示。

（2）方式二　在资源条中单击"机电导航器"选项卡→右击"基本机电对象"→单击"新建"→"对象变换器"，如图 2-39 所示。

（3）方式三　在机电概念设计环境中单击"菜单"选项→"插入"→"基本机电对象"→"对象变换器"，如图 2-40 所示。

图 2-38　打开"对象变换器"对话框方式一

图 2-39　打开"对象变换器"对话框方式二

3. 对象变换器参数含义

如图 2-41 所示，打开"对象变换器"对话框，各参数的含义见表 2-7。

图 2-40　打开"对象变换器"对话框方式三

图 2-41　"对象变换器"对话框

表 2-7　对象变换器参数含义

序号	参数名称	含义
1	选择碰撞传感器	选择碰撞传感器以触发对象变换器，碰撞传感器所在位置则是一个刚体被替换为另一个刚体的位置
2	变换源	源指的是对象源，指定对象变换器要变换的对象 任意：任何对象源在与碰撞传感器碰撞时都会触发变换 仅选定的：只有指定的对象源在与碰撞传感器碰撞时才会触发变换
3	选择刚体	选择将在触发变换之后产生的刚体
4	每次激活时执行一次	若选中，则对象变换器仅发生一次变换
5	名称	设置对象变换器的名称

4. 实战演练

【例 2-6】　打开"#例 2-6 对象变换器 练习.prt"，对模型中冲压刀具进行对象变换器的设置。

要求实现仿真效果：单击"播放"按钮运行仿真，拖曳冲压刀具，完成切割。具体操作如下：

1）打开"碰撞传感器"对话框，"选择对象"设置为"刚体_冲压刀具"，"碰撞形状"选择"圆柱"，"形状属性"选择"自动"，命名为"碰撞传感器_冲压刀具"，如图 2-42 所示。

2）打开"对象变换器"对话框，"选择碰撞传感器"设置为"碰撞传感器_冲压刀具"，"变换源"选择"任意"，"选择刚体"设置为"刚体_圆柱"，命名为"对象变换器_切割"，如图 2-43 所示。

3）设置完成后单击"播放"按钮，鼠标下拉冲压刀具，观察仿真运行效果，如图 2-44 所示。

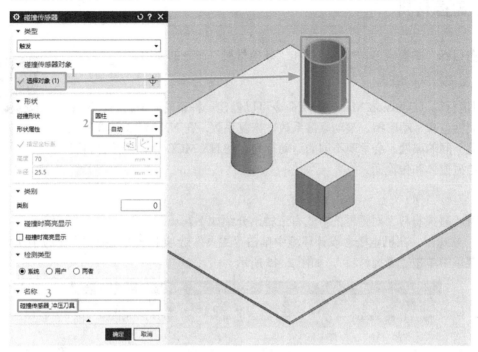

图 2-42 设置碰撞传感器

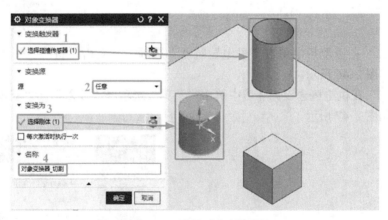

图 2-43 设置对象变换器

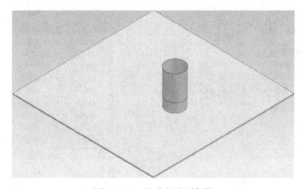

图 2-44 仿真运行效果

2.7 碰撞材料

任务目标 掌握碰撞材料的性质和"碰撞材料"命令的使用。

1. 碰撞材料的概念

"碰撞材料（Collision Material）"命令可以创建一种新的碰撞材料，碰撞材料的属性包含了动摩擦、滚动摩擦系数、恢复系数，在 NX MCD 仿真过程中，设置不同的属性，会呈现不同的运动行为。在 NX MCD 中，碰撞材料可以分配给碰撞体和传输面。

2.7 碰撞材料

2. 创建碰撞材料

打开"碰撞材料"对话框的方式有三种，介绍如下。

（1）方式一 在机电概念设计环境中单击"主页"选项卡→"碰撞体"下拉箭头，在弹出的选项菜单中单击"碰撞材料"，如图 2-45 所示。

图 2-45 打开"碰撞材料"对话框方式一

（2）方式二 在资源条中单击"机电导航器"选项卡→右击"材料"→单击"新建"→"碰撞材料"，如图 2-46 所示。

（3）方式三 在机电概念设计环境中单击"菜单"选项→"插入"→"基本机电对象"→"碰撞材料"，如图 2-47 所示。

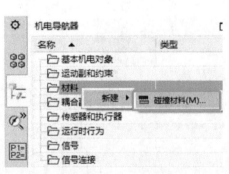

图 2-46 打开"碰撞材料"对话框方式二

图 2-47 打开"碰撞材料"对话框方式三

3．碰撞材料参数含义

如图 2-48 所示，打开"碰撞材料"对话框，各参数的含义见表 2-8。

图 2-48　"碰撞材料"对话框

表 2-8　碰撞材料参数含义

序号	参数名称	含义
1	动摩擦	物体在另一物体表面运动时，接触面所产生的阻力
2	滚动摩擦系数	物体在另一物体表面做无滑动的滚动或有滚动的趋势时，由于两物体在接触部分受压发生形变而产生的对滚动的阻碍作用
3	恢复系数	恢复系数介于 0~1 之间，是指两个物体在碰撞后的反弹程度。若恢复系数为 1，则此碰撞为弹性碰撞；若恢复系数<1 而≥0，则此碰撞为非弹性碰撞；若恢复系数为 0，则此碰撞为完全非弹性碰撞
4	名称	设置碰撞材料的名称

4．实战演练

【例 2-7】　打开"#例 2-7 碰撞材料 练习.prt"，对模型中的斜坡进行碰撞材料的设置。

要求实现仿真效果：单击"播放"按钮运行仿真，红色方块滑落到平台上，蓝色方块滑落一半停在斜坡上。具体操作如下：

1）打开"碰撞材料"对话框，将"动摩擦"设置为 0.1，"滚动摩擦系数"设置为 0，"恢复系数"设置为 0.01，命名为"碰撞材料_光滑"，如图 2-49 所示。

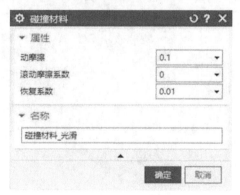

图 2-49　设置碰撞材料

2）双击"碰撞体_红色斜坡"，打开"碰撞体"对话框。"材料"选择"碰撞材料_光滑"，如图 2-50 所示。

3）双击"碰撞体_蓝色斜坡"，打开"碰撞体"对话框。"材料"选择"默认材料"，如

图 2-51 所示。

图 2-50　修改红色斜坡碰撞材料

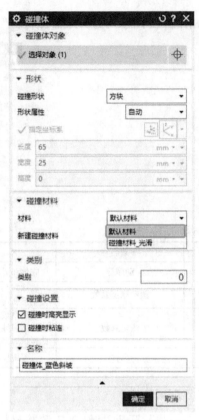

图 2-51　修改蓝色斜坡碰撞材料

4）设置完成单击"播放"按钮，观察仿真运行效果，如图 2-52 所示。

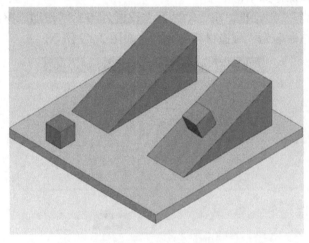

图 2-52　仿真运行效果

第3章 运动副和约束

运动副和约束可以给三维模型设置运动方式和定义运动的条件，使模型能够仿真真实世界物体的运动效果。运动副包括固定副、铰链副、滑动副、柱面副、球副、点在线上副、平面副、螺旋副等。约束包括弹簧阻尼器、断开约束等。

3.1 固定副

任务目标 掌握固定副的性质和"固定副"命令的使用。

1. 固定副的概念

固定副（Fixed Joint）是指将一个部件固定到另一个部件的运动副，自由度全部被约束。在 NX MCD 中，固定副不常使用，一般用于将一个部件固定于大地上（基本件不做选择），使其作为参考部件，便于其余部件的装配。

3.1 固定副

2. 创建固定副

调用"固定副"命令的方式有三种，介绍如下。

（1）方式一 在机电概念设计环境中单击"主页"选项卡→"基本运动副"，在弹出的"基本运动副"对话框中选择"固定副"，如图 3-1 所示。

（2）方式二 在资源条中单击"机电导航器"选项卡→右击"运动副和约束"→单击"新建"→"固定副"，如图 3-2 所示。

图 3-1 调用"固定副"命令方式一

图 3-2 调用"固定副"命令方式二

（3）方式三 在机电概念设计环境中单击"菜单"选项→"插入"→"运动副"→"基本运动副"，在弹出的"基本运动副"对话框中选择"固定副"，如图 3-3 所示。

3. 固定副参数含义

如图 3-4 所示，打开"基本运动副"对话框，在下拉列表中选择"固定副"。各参数的含义见表 3-1。

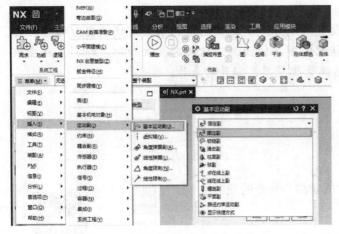
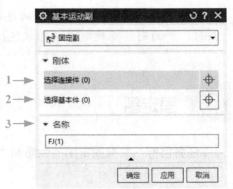

图 3-3 调用"固定副"命令方式三　　　　　　图 3-4 "基本运动副"对话框-固定副

表 3-1 固定副参数含义

序号	参数名称	含义
1	选择连接件	选择要使用固定副进行约束的刚体
2	选择基本件	用于选择要固定连接件的刚体；若未选择，则连接件相对于大地固定
3	名称	设置固定副的名称

4. 实战演练

【例 3-1】 打开"#例 3-1 固定副 练习.prt"，对模型中的门栓进行固定副设置。

要求实现仿真效果：单击"播放"按钮运行仿真，门栓固定不动。具体操作如下：

1）打开"基本运动副"对话框，选择"固定副"。"选择连接件"设置为"刚体_门栓"，基本件不做选择，命名为"固定副_门栓"。如图 3-5 所示。

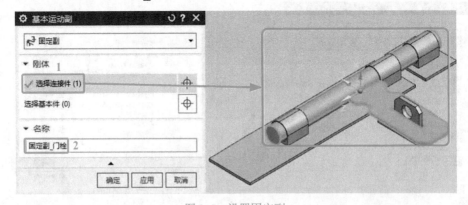

图 3-5 设置固定副

2）设置完成后单击"播放"按钮，观察仿真运行效果。如图 3-6 所示。

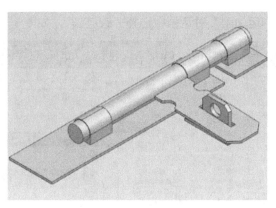

图 3-6 仿真运行效果

3.2 铰链副

任务目标 掌握铰链副的性质和"铰链副"命令的使用。

1. 铰链副的概念

铰链副（Hinge Joint）是指在两个实体之间创建一个仅能转动的运动副，允许沿轴有一个旋转自由度。在 NX MCD 中，铰链副的基本件一般不做选择，使其相对大地运动。

3.2 铰链副

2. 创建铰链副

调用"铰链副"命令的方式有三种，介绍如下。

（1）方式一 在机电概念设计环境中单击"主页"选项卡→单击"基本运动副"，在弹出的"基本运动副"对话框中选择"铰链副"，如图 3-7 所示。

（2）方式二 在资源条中单击"机电导航器"选项卡→右击"运动副和约束"→单击"新建"→"铰链副"，如图 3-8 所示。

图 3-7 调用"铰链副"命令方式一

图 3-8 调用"铰链副"命令方式二

（3）方式三 在机电概念设计环境中单击"菜单"选项→"插入"→"运动副"→"基本

运动副"，在弹出的"基本运动副"对话框中选择"铰链副"，如图 3-9 所示。

图 3-9　调用"铰链副"命令方式三

3. 铰链副参数含义

如图 3-10 所示，打开"基本运动副"对话框，各参数的含义见表 3-2。

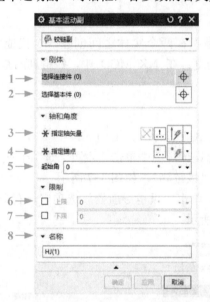

图 3-10　"基本运动副"对话框-铰链副

表 3-2　铰链副参数含义

序号	参数名称	含义
1	选择连接件	选择要使用铰链副进行约束的刚体
2	选择基本件	用于选择连接件连接到的刚体，若未选择，则连接件相对于大地运动
3	指定轴矢量	指定铰链副应围绕其旋转的矢量
4	指点锚点	指定铰链副应围绕其旋转的锚点
5	起始角	当未进行仿真时，连接件的起始角度
6	上限	以设置的轴矢量正方向为准，顺时针方向为上限，一般用于设置旋转的最大角度

（续）

序号	参数名称	含义
7	下限	以设置的轴矢量正方向为准，逆时针方向为下限，一般用于设置旋转的最小角度
8	名称	设置铰链副的名称

4. 实战演练

【例 3-2】　打开"#例 3-2 铰链副 练习.prt"，对模型中的门栓进行铰链副设置。

要求实现仿真效果：单击"播放"按钮运行仿真，鼠标拖动门栓可以进行旋转。具体操作如下：

1）打开"基本运动副"对话框，选择"铰链副"。"选择连接件"设置为"刚体_门栓"，基本件不做选择，"指定轴矢量"设置为"X 轴负方向"，"指定锚点"设置为门栓栓体圆心，"上限"设置为 188，"下限"设置为-3.3，命名为"铰链副_门栓"。如图 3-11 所示。

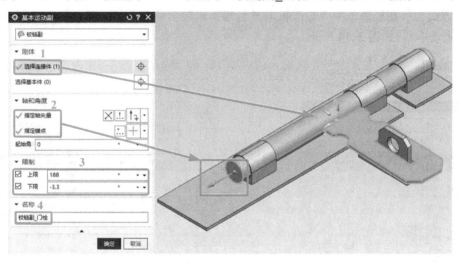

图 3-11　设置铰链副

2）设置完成后单击"播放"按钮，鼠标拖动门栓，观察仿真运行效果。如图 3-12 所示。

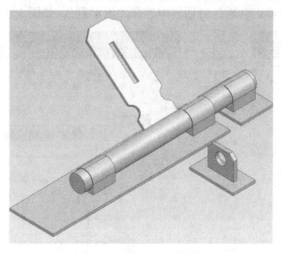

图 3-12　仿真运行效果

3.3 滑动副

任务目标 掌握滑动副的性质和"滑动副"命令的使用。

3.3 滑动副

1. 滑动副的概念

滑动副（Sliding Joint）是指在两个实体之间创建一个仅能移动的运动副，允许沿矢量方向有一个平移自由度。

2. 创建滑动副

调用"滑动副"命令的方式有三种，介绍如下。

（1）方式一 在机电概念设计环境中单击"主页"选项卡→单击"基本运动副"，在弹出的"基本运动副"对话框中选择"滑动副"，如图 3-13 所示。

（2）方式二 在资源条中单击"机电导航器"选项卡→右击"运动副和约束"→单击"新建"→"滑动副"，如图 3-14 所示。

图 3-13 调用"滑动副"命令方式一　　　　图 3-14 调用"滑动副"命令方式二

（3）方式三 在机电概念设计环境中单击"菜单"选项→"插入"→"运动副"→"基本运动副"，在弹出的"基本运动副"对话框中选择"滑动副"，如图 3-15 所示。

图 3-15 调用"滑动副"命令方式三

3．滑动副参数含义

如图 3-16 所示，打开"基本运动副"对话框，在下拉列表中选择"滑动副"各参数的含义
见表 3-3。

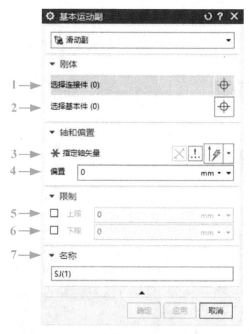

图 3-16　"基本运动副"对话框-滑动副

表 3-3　滑动副参数含义

序号	参数名称	含义
1	选择连接件	选择要使用滑动副进行约束的刚体
2	选择基本件	用于选择连接件连接到的刚体，若未选择，则连接件相对于大地运动
3	指定轴矢量	指定滑动副沿其滑动的矢量
4	偏置	当未进行仿真时，连接件的起始位置
5	上限	设置的轴矢量正方向为上限，一般用于设置滑动的最大位置
6	下限	设置的轴矢量负方向为下限，一般用于设置滑动的最小位置
7	名称	设置滑动副的名称

4．实战演练

【例 3-3】　打开"#例 3-3 滑动副 练习.prt"，对模型中的门栓进行滑动副设置。

要求实现仿真效果：单击"播放"按钮运行仿真，鼠标拖动门栓可以进行滑动。具体操作如下：

1）打开"基本运动副"对话框，选择"滑动副。""选择连接件"设置为"刚体_门栓"，
基本件不做选择，"指定轴矢量"设置为"X 轴负方向"，"上限"设置为 20，"下限"设置为
0，命名为"滑动副_门栓"。如图 3-17 所示。

2）设置完成后单击"播放"按钮，鼠标拖动门栓，观察仿真运行效果。如图 3-18 所示。

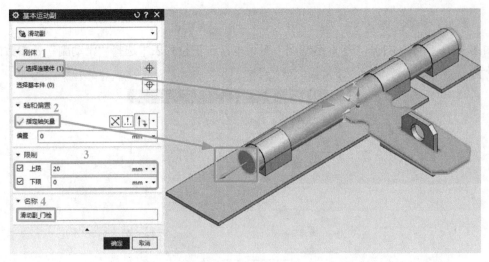

图 3-17　设置滑动副

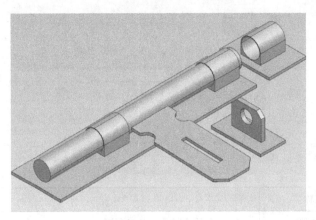

图 3-18　仿真运行效果

3.4　柱面副

任务目标　掌握柱面副的性质和"柱面副"命令的使用。

1. 柱面副的概念

柱面副（Cylindrical Joint）是指在两个实体之间创建一个既能转动又能移动的运动副，允许沿矢量方向有一个旋转自由度和平移自由度。

3.4　柱面副

2. 创建柱面副

调用"柱面副"命令的方式有三种，介绍如下。

（1）方式一　在机电概念设计环境中单击"主页"选项卡→单击"基本运动副"，在弹出的"基本运动副"对话框中选择"柱面副"，如图 3-19 所示。

（2）方式二　在资源条中单击"机电导航器"选项卡→右击"运动副和约束"→单击"新建"→"柱面副"，如图 3-20 所示。

图 3-19　调用"柱面副"命令方式一　　　　图 3-20　调用"柱面副"命令方式二

（3）方式三　在机电概念设计环境中单击"菜单"选项→"插入"→"运动副"→"基本运动副"，在弹出的"基本运动副"对话框中选择"柱面副"，如图 3-21 所示。

3．柱面副参数含义

如图 3-22 所示，打开"基本运动副"对话框，在下拉列表中选择"柱面副"。各参数的含义见表 3-4。

图 3-21　调用"柱面副"命令方式三　　　　图 3-22　"基本运动副"对话框-柱面副

表 3-4　柱面副参数含义

序号	参数名称	含义
1	选择连接件	选择要使用柱面副进行约束的刚体

（续）

序号	参数名称	含义
2	选择基本件	用于选择连接件连接到的刚体，若未选择，则连接件相对于大地运动
3	指定轴矢量	指定柱面副应围绕其旋转和沿着其滑动的矢量
4	指定锚点	指定柱面副应围绕其旋转的锚点
5	起始角	当未进行仿真时，连接件的起始角度
6	偏置	当未进行仿真时，连接件的起始位置
7	线性上限	设置的轴矢量正方向为线性上限，一般用于设置滑动的最大位置
8	线性下限	设置的轴矢量负方向为线性下限，一般用于设置滑动的最小位置
9	角度上限	以设置的轴矢量正方向为准，顺时针方向为角度上限，一般用于设置旋转的最大角度
10	角度下限	以设置的轴矢量正方向为准，逆时针方向为角度下限，一般用于设置旋转的最小角度
11	名称	设置柱面副的名称

4．实战演练

【**例 3-4**】 打开"#例 3-4 柱面副 练习.prt"，对模型中的门栓进行柱面副设置。

要求实现仿真效果：单击"播放"按钮运行仿真，鼠标拖动门栓可以进行旋转和滑动。具体操作如下：

1）打开"基本运动副"对话框，选择"柱面副"。"选择连接件"设置为"刚体_门栓"，基本件不做选择，"指定轴矢量"设置为"X 轴负方向"，"指定锚点"设置为门栓栓体圆心，线性上限设置为 20，线性下限设置为 0，角度上限设置为 188，角度下限设置为-3.3，命名为"柱面副_门栓"。如图 3-23 所示。

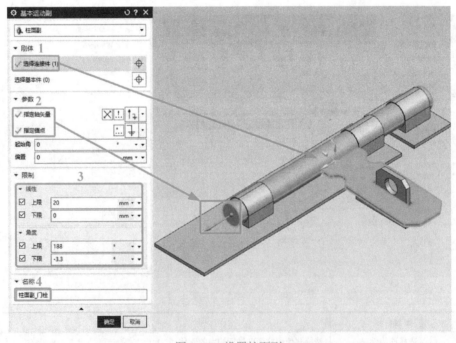

图 3-23 设置柱面副

2）设置完成后单击"播放"按钮，鼠标拖动门栓，观察仿真运行效果。如图 3-24 所示。

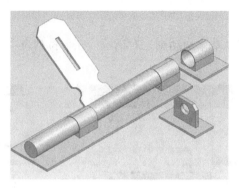

图 3-24 仿真运行效果

3.5 球副

任务目标 掌握球副的性质和"球副"命令的使用。

1. 球副的概念

球副（Ball Joint）是指在两个实体之间创建一个仅能转动的运动副，允许有三个旋转自由度。

2. 创建球副

3.5 球副

调用"球副"命令的方式有三种，介绍如下。

（1）方式一 在机电概念设计环境中单击"主页"选项卡→"基本运动副"，在弹出的"基本运动副"对话框中选择"球副"，如图 3-25 所示。

（2）方式二 在资源条中单击"机电导航器"选项卡→右击"运动副和约束"→单击"新建"→"球副"，如图 3-26 所示。

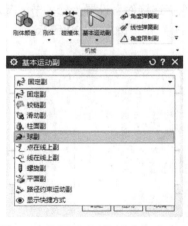

图 3-25 调用"球副"命令方式一

图 3-26 调用"球副"命令方式二

（3）方式三 在机电概念设计环境中单击"菜单"选项→"插入"→"运动副"→"基本

运动副"，在弹出的"基本运动副"对话框中选择"球副"，如图 3-27 所示。

3. 球副参数含义

如图 3-28 所示，打开"基本运动副"对话框，在下拉列表中选择"球副"。各参数的含义见表 3-5。

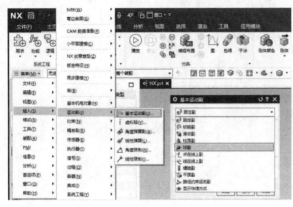

图 3-27　调用"球副"命令方式三

图 3-28　"基本运动副"对话框-球副

表 3-5　球副参数含义

序号	参数名称	含义
1	选择连接件	选择要使用球副进行约束的刚体
2	选择基本件	用于选择连接件连接到的刚体，若未选择，则连接件相对于大地运动
3	指定锚点	指定球副应围绕其旋转的锚点
4	名称	设置球副的名称

4. 实战演练

【例 3-5】　打开"#例 3-5 球副 练习.prt"，对模型中的球关节进行球副设置。

要求实现仿真效果：单击"播放"按钮运行仿真，鼠标拖动球关节可以进行旋转。具体操作如下：

1）打开"基本运动副"对话框，选择"球副"。"选择连接件"设置为球关节，基本件不做选择，"指定锚点"选择球关节的球心，命名为"球副_球关节"。如图 3-29 所示。

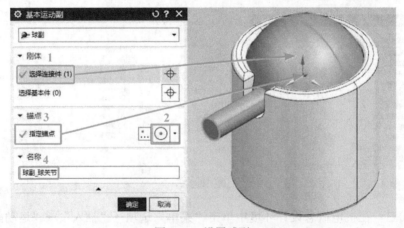

图 3-29　设置球副

2）设置完成后单击"播放"按钮，鼠标拖动球关节，观察仿真运行效果。如图 3-30 所示。

图 3-30　仿真运行效果

3.6　点在线上副

任务目标　掌握点在线上副的性质和"点在线上副"命令的使用。

1. 点在线上副的概念

点在线上副（Point on Curve Joint）是指一个实体上的一点始终沿着一条曲线运动。

3.6　点在线上副

2. 创建点在线上副

调用"点在线上副"命令的方式有三种，介绍如下。

（1）方式一　在机电概念设计环境中单击"主页"选项卡→"基本运动副"，在弹出的"基本运动副"对话框中选择"点在线上副"，如图 3-31 所示。

（2）方式二　在资源条中单击"机电导航器"选项卡→右击"运动副和约束"→单击"新建"→"点在线上副"，如图 3-32 所示。

图 3-31　调用"点在线上副"命令方式一　　　图 3-32　调用"点在线上副"命令方式二

（3）方式三　在机电概念设计环境中单击"菜单"选项→"插入"→"运动副"→"基本运动副"，在弹出的"基本运动副"对话框中选择"点在线上副"，如图 3-33 所示。

3. 点在线上副参数含义

如图 3-34 所示，打开"基本运动副"对话框，在下拉列表中选择"点在线上副"。各参数的含义见表 3-6。

图 3-33　调用"点在线上副"命令方式三　　　　　图 3-34　"基本运动副"对话框-点在线上副

表 3-6　点在线上副参数含义

序号	参数名称	含义
1	选择连接件	选择要使用点在线上副进行约束的刚体
2	选择曲线或代理对象	用于选择刚体移动的引导曲线
3	指定零位置点	用于选择刚体沿曲线移动的参考点
4	偏置	当未进行仿真时，连接件的起始位置
5	名称	设置点在线上副的名称

4. 实战演练

【例 3-6】　打开"#例 3-6 点在线上副 练习.prt"，对模型中的激光头进行点在线上副设置。

要求实现仿真效果：单击"播放"按钮运行仿真，鼠标拖动激光头只能沿着轨迹移动。具体操作如下：

1）打开"基本运动副"对话框，选择"点在线上副"。"选择连接件"设置为激光头，"选择曲线或代理对象"设置为五角星曲线，"指定零位置点"设置为激光头正下方的五角星顶点，命名为"点在线上副_激光头"。如图 3-35、图 3-36 所示。

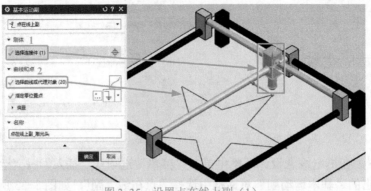

图 3-35　设置点在线上副（1）

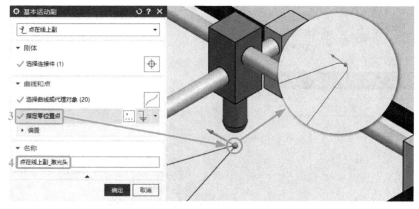

图 3-36 设置点在线上副（2）

2）设置完成后单击"播放"按钮，鼠标拖动激光头，观察仿真运行效果。如图 3-37 所示。

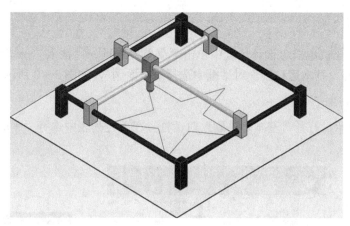

图 3-37 仿真运行效果

3.7 平面副

任务目标 掌握平面副的性质和"平面副"命令的使用。

1. 平面副的概念

平面副（Planar Joint）是指在两个实体之间具有两个平移自由度和一个旋转自由度。保持平面接触的两个实体可以相对彼此滑动和旋转。

3.7 平面副

2. 创建平面副

调用"平面副"命令的方式有三种，介绍如下。

（1）方式一 在机电概念设计环境中单击"主页"选项卡→"基本运动副"，在弹出的"基本运动副"对话框中选择"平面副"，如图 3-38 所示。

（2）方式二 在资源条中单击"机电导航器"选项卡→右击"运动副和约束"→单击"新建"→"平面副"，如图 3-39 所示。

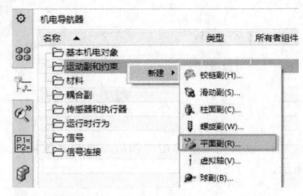

图 3-38　调用"平面副"命令方式一　　　　　图 3-39　调用"平面副"命令方式二

（3）方式三　在机电概念设计环境中单击"菜单"选项→"插入"→"运动副"→"基本运动副"，在弹出的"基本运动副"对话框中选择"平面副"，如图 3-40 所示。

3. 平面副参数含义

如图 3-41 所示，打开"基本运动副"对话框，在下拉列表中选择"平面副"。各参数的含义见表 3-7。

图 3-40　调用"平面副"命令方式三　　　　图 3-41　"基本运动副"对话框-平面副

表 3-7　平面副参数含义

序号	参数名称	含义
1	选择连接件	选择要由平面副约束的刚体
2	选择基本件	用于选择连接件连接到的刚体，若未选择，则连接件相对于大地运动
3	指定轴矢量	指定垂直于连接两个实体的平面矢量
4	名称	设置平面副的名称

4. 实战演练

【例 3-7】 打开"#例 3-7 平面副 练习.prt",对模型中的物料进行平面副设置。

要求实现仿真效果:单击"播放"按钮运行仿真,鼠标拖动物料,物料在存放槽中滑动。具体操作如下:

1)打开"基本运动副"对话框,选择"平面副"。"选择连接件"设置为物料,"指定轴矢量"设置为"Z 轴正方向",命名为"平面副_物料"。如图 3-42 所示。

2)设置完成后单击"播放"按钮,鼠标拖动物料,观察仿真运行效果。如图 3-43 所示。

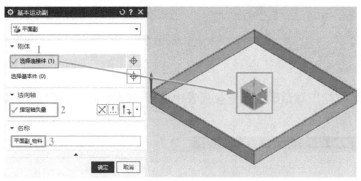

图 3-42　设置平面副

图 3-43　仿真运行效果

3.8　螺旋副

任务目标　掌握螺旋副的性质和"螺旋副"命令的使用。

1. 螺旋副的概念

"螺旋副(Screw Joint)"命令能够使刚体围绕轴旋转并沿轴平移。例如,能模拟螺栓的运动。

3.8　螺旋副

2. 创建螺旋副

调用"螺旋副"命令的方式有三种,介绍如下。

(1)方式一　在机电概念设计环境中单击"主页"选项卡→"基本运动副",在弹出的"基本运动副"对话框中选择"螺旋副",如图 3-44 所示。

(2)方式二　在资源条中单击"机电导航器"选项卡→右击"运动副和约束"→单击"新建"→"螺旋副",如图 3-45 所示。

(3)方式三　在机电概念设计环境中单击"菜单"选项→"插入"→"运动副"→"基本运动副",在弹出的"基本运动副"对话框中选择"螺旋副",如图 3-46 所示。

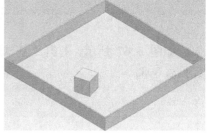

图 3-44　调用"螺旋副"命令方式一

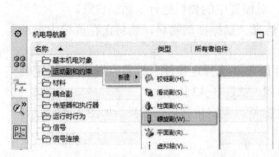

图 3-45　调用"螺旋副"命令方式二

图 3-46　调用"螺旋副"命令方式三

3. 螺旋副参数含义

如图 3-47 所示，打开"基本运动副"对话框，在下拉列表中选择"螺旋副"。各参数的含义见表 3-8。

图 3-47　"基本运动副"对话框-螺旋副

表 3-8　螺旋副参数含义

序号	参数名称	含义
1	选择连接件	选择要由螺旋副约束的刚体
2	选择基本件	用于选择连接件连接到的刚体，若未选择，则连接件相对于大地运动
3	指定轴矢量	指定螺旋副应围绕其旋转的矢量
4	指定锚点	指定螺旋副应围绕其旋转的锚点
5	螺距	指定螺纹的螺距
6	名称	设置螺旋副的名称

4. 实战演练

【例 3-8】 打开"#例 3-8 螺旋副 练习.prt"，对模型中的螺母进行螺旋副设置。

要求实现仿真效果：单击"播放"按钮运行仿真，鼠标拖动螺母，螺母套在螺杆上转动。具体操作如下：

1）打开"基本运动副"对话框，选择"螺旋副"。"选择连接件"设置为螺母，"指定轴矢量"设置为"Y 轴正方向"，"指定锚点"设置为螺母圆心，"螺距"设置为 1.5，命名为"螺旋副_螺母"。如图 3-48 所示。

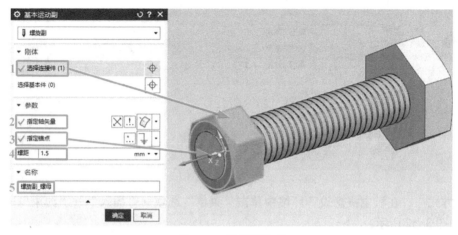

图 3-48　设置螺旋副

2）设置完成后单击"播放"按钮，鼠标拖动螺母，观察仿真运行效果。如图 3-49 所示。

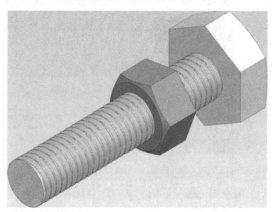

图 3-49　仿真运行效果

3.9　弹簧阻尼器

任务目标　掌握弹簧阻尼器的性质和"弹簧阻尼器"命令的使用。

1. 弹簧阻尼器的概念

"弹簧阻尼器（Spring Damper）"命令可以给轴运动副施加力或力矩。在 NX MCD 中，弹簧阻尼器一般用于按钮、开关和弹簧机构等。

3.9　弹簧阻尼器

2. 创建弹簧阻尼器

打开"弹簧阻尼器"对话框的方式有三种，介绍如下。

（1）方式一　在机电概念设计环境中单击"主页"选项卡→"机械"命令组中的更多选项

箭头→"弹簧阻尼器"，如图3-50所示。

（2）方式二　在资源条中单击"机电导航器"选项卡→右击"运动副和约束"→单击"新建"→"弹簧阻尼器"，如图3-51所示。

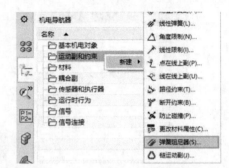

图3-50　打开"弹簧阻尼器"对话框方式一　　　图3-51　打开"弹簧阻尼器"对话框方式二

（3）方式三　在机电概念设计环境中单击"菜单"选项→"插入"→"约束"→"弹簧阻尼器"，如图3-52所示。

3. 弹簧阻尼器参数含义

如图3-53所示，打开"弹簧阻尼器"对话框，各参数的含义见表3-9。

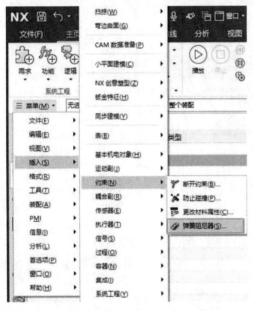

图3-52　打开"弹簧阻尼器"对话框方式三　　　图3-53　"弹簧阻尼器"对话框

表3-9　弹簧阻尼器参数含义

序号	参数名称	含义
1	选择轴运动副	选择要使用弹簧阻尼器进行约束的运动副
2	弹簧常数	设置弹簧的刚度
3	阻尼	设置弹簧的阻尼系数
4	松弛位置	设置不施加弹簧力时的位置
5	名称	设置弹簧阻尼器的名称

4．实战演练

【例 3-9】 打开"#例 3-9 弹簧阻尼器 练习.prt"，对模型中的按钮进行弹簧阻尼器设置。

要求实现仿真效果：单击"播放"按钮运行仿真，鼠标拖动按钮可按下，鼠标松开按钮即回弹。具体操作如下：

1）打开"弹簧阻尼器"对话框，"选择轴运动副"设置为"滑动副_按钮"，"弹簧常数"设置为 1，"阻尼"设置为 0.1，"松弛位置"设置为-1，命名为"弹簧阻尼器_按钮"。如图 3-54 所示。

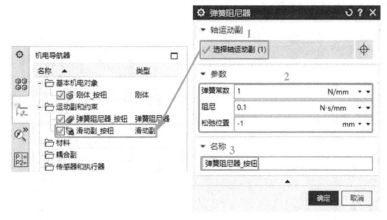

图 3-54　设置弹簧阻尼器

2）设置完成后单击"播放"按钮，鼠标拖动按钮，观察仿真运行效果。如图 3-55 所示。

图 3-55　仿真运行效果

3.10　断开约束

任务目标　掌握断开约束的性质和"断开约束"命令的使用。

1．断开约束的概念

"断开约束（Breaking Constraint）"命令能够定义断开指定运动副的最大力/扭矩，即当该运动副受到大于设定的力/扭矩时，该运动副失去约束

3.10　断开约束

能力。

在当前仿真周期内，断开约束后，该运动副将不再约束连接刚体的运动。

2. 创建断开约束

打开"断开约束"对话框的方式有三种，介绍如下。

（1）方式一　在机电概念设计环境中单击"主页"选项卡→"机械"命令组中的更多选项箭头→"约束"→"断开约束"，如图 3-56 所示。

（2）方式二　在资源条中单击"机电导航器"选项卡→右击"运动副和约束"→单击"新建"→"断开约束"，如图 3-57 所示。

图 3-56　打开"断开约束"对话框方式一　　　　图 3-57　打开"断开约束"对话框方式二

（3）方式三　在机电概念设计环境中单击"菜单"选项→"插入"→"约束"→"断开约束"，如图 3-58 所示。

3. 断开约束参数含义

如图 3-59 所示，打开"断开约束"对话框，各参数的含义见表 3-10。

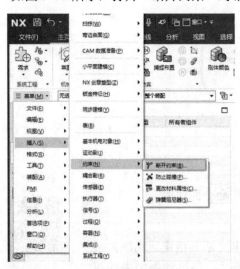

图 3-58　打开"断开约束"对话框方式三　　　　图 3-59　"断开约束"对话框

表 3-10　断开约束参数含义

序号	参数名称	含义
1	选择对象	选择要应用断开约束的运动副
2	断开模式	指定断开约束的条件 力：通过力判断是否断开约束 扭矩：通过扭矩判断是否断开约束
3	最大幅值	设置断开约束的力或扭矩的最大值
4	"固定"复选框	不选中：来自任何方向的力/扭矩都能断开约束 选中：指定断开约束的力/扭矩的方向，仅检查在指定方向上施加的力/扭矩最大值
5	指定矢量	选中"固定"复选框时可用，用一个矢量来指定施加力的方向
6	名称	设置断开约束的名称

4．实战演练

【例 3-10】　打开"#例 3-10 断开约束 练习.prt"，对模型中的方块进行断开约束设置。

要求实现仿真效果：单击"播放"按钮运行仿真，鼠标拖动方块可滑动，当受到断开约束设定方向的力时会断开该方块的滑动副。具体操作如下：

1）打开"断开约束"对话框，"选择对象"设置为"滑动副_方块"，"断开模式"选择"力"，"最大幅值"设置为 100 N，选中"固定"复选框，指定矢量设置为"Z 轴正方向"，命名为"断开约束_方块"，如图 3-60 所示。

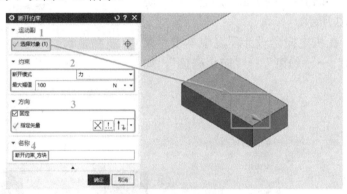

图 3-60　设置断开约束

2）设置完成后，将"滑动副_方块"添加到运行时察看器中，单击"播放"按钮运行仿真，鼠标向上拖动方块，当 Z 轴的力>100N 时，滑动副会断开约束，如图 3-61 所示。

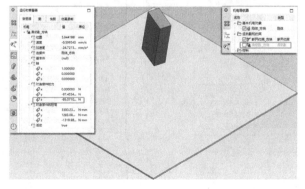

图 3-61　仿真运行效果

3.11 防止碰撞

任务目标 掌握防止碰撞的性质和"防止碰撞"命令的使用。

1. 防止碰撞的概念

"防止碰撞（Prevent Collision）"命令能够创建一个约束，防止两个碰撞体相互碰撞。在 NX MCD 中，常使用"防止碰撞"命令来阻止与某些碰撞传感器发生碰撞。

3.11 防止碰撞

2. 创建防止碰撞

打开"防止碰撞"对话框的方式有三种，介绍如下。

（1）方式一 在机电概念设计环境中单击"主页"选项卡→"碰撞体"下拉箭头，在弹出的选项菜单中单击"防止碰撞"，如图 3-62 所示。

（2）方式二 在资源条中单击"机电导航器"选项卡→右击"运动副和约束"→单击"新建"→"防止碰撞"，如图 3-63 所示。

（3）方式三 在机电概念设计环境中单击"菜单"选项→"插入"→"约束"→"防止碰撞"，如图 3-64 所示。

图 3-62 打开"防止碰撞"对话框方式一

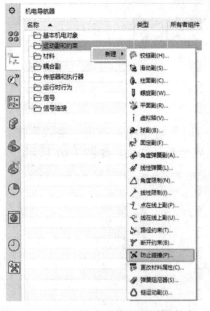

图 3-63 打开"防止碰撞"对话框方式二

图 3-64 打开"防止碰撞"对话框方式三

3. 防止碰撞参数含义

如图 3-65 所示，打开"防止碰撞"对话框，各参数的含义见表 3-11。

图 3-65 "防止碰撞"对话框

表 3-11 防止碰撞参数含义

序号	参数名称	含义
1	选择第一个体	用于选择第一个碰撞体
2	选择第二个体	用于选择第二个碰撞体
3	名称	设置防止碰撞的名称

4. 实战演练

【例 3-11】 打开 "#例 3-11 防止碰撞 练习.prt",对模型中的两个方块进行防止碰撞设置。

要求实现仿真效果:单击 "播放" 按钮运行仿真,鼠标拖动方块相互接触,其不会发生碰撞。具体操作如下:

1) 打开 "防止碰撞" 对话框,"选择第一个体" 设置为 "刚体_方块 1","选择第二个体" 设置为 "刚体_方块 2",命名为 "防止碰撞_方块 1_方块 2"。如图 3-66 所示。

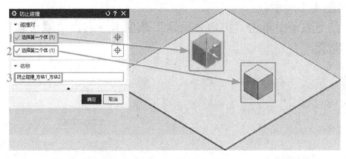

图 3-66 设置防止碰撞

2) 设置完成后单击 "播放" 按钮,鼠标拖动方块,观察仿真运行效果。如图 3-67 所示。

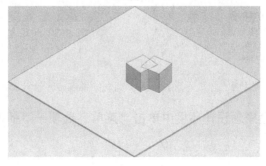

图 3-67 仿真运行效果

第4章 耦合副

耦合副可以给运动副配置关联性，使其能够按一定的关系进行运动，达到与真实世界物体一致的运动效果。耦合副包括齿轮、齿轮齿条、电子凸轮（本书未介绍）等。

4.1 齿轮

任务目标　掌握齿轮的性质和"齿轮"命令的使用。

1. 齿轮的概念

齿轮（Gears）是指轮缘上有轮齿连续啮合传递运动和动力的机械元件。在 NX MCD 中，"齿轮"命令能够连接两个运动轴，使其以固定比率运动。

4.1　齿轮

2. 创建齿轮

打开"齿轮"对话框的方式有三种，介绍如下。

（1）方式一　在机电概念设计环境中单击"主页"选项卡→"机械"命令组中的更多选项箭头→"齿轮"，如图 4-1 所示。

（2）方式二　在资源条中单击"机电导航器"选项卡→右击"耦合副"→单击"新建"→"齿轮"，如图 4-2 所示。

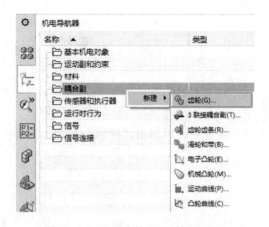

图 4-1　打开"齿轮"对话框方式一　　　　图 4-2　打开"齿轮"对话框方式二

（3）方式三　在机电概念设计环境中单击"菜单"选项→"插入"→"耦合副"→"齿轮"，如图 4-3 所示。

3. 齿轮参数含义

如图 4-4 所示，打开"齿轮"对话框，各参数的含义见表 4-1。

图 4-3 打开"齿轮"对话框方式三

图 4-4 "齿轮"对话框

表 4-1 齿轮参数含义

序号	参数名称	含义
1	选择主对象	选择一个运动副作为主对象
2	选择从对象	选择一个运动副作为从对象
3	主倍数	设置主对象的齿轮比
4	从倍数	设置从对象的齿轮比
5	"滑动"复选框	当使用传输面传送时，齿轮允许滑动
6	名称	设置齿轮的名称

4. 实战演练

【例 4-1】 打开"#例 4-1 齿轮 练习.prt"，对模型中的齿轮进行"齿轮"命令设置。

要求实现仿真效果：单击"播放"按钮运行仿真，鼠标拖动齿轮，两个齿轮相互啮合转动。具体操作如下：

1）打开"齿轮"对话框，"选择主对象"设置为"铰链副_主齿轮"，"选择从对象"设置为"铰链副_从齿轮"，"主倍数"设置为2，"从倍数"设置为-1，命名为"齿轮副"。如图 4-5 所示。

2）设置完成后单击"播放"按钮，鼠标拖动齿轮，观察仿真运行效果。如图 4-6 所示。

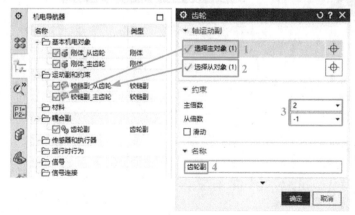

图 4-5 设置齿轮

图 4-6 仿真运行效果

4.2 齿轮齿条

任务目标　掌握齿轮齿条的性质和"齿轮齿条"命令的使用。

1. 齿轮齿条的概念

4.2　齿轮齿条

"齿轮齿条（Rack and Pinion）"命令可以将线性轴连接到旋转轴，使其以固定比率运动。

2. 创建齿轮齿条

打开"齿轮齿条副"对话框的方式有三种，介绍如下。

（1）方式一　在机电概念设计环境中单击"主页"选项卡→"机械"命令组中的更多选项箭头→"齿轮齿条"，如图4-7所示。

（2）方式二　在资源条中单击"机电导航器"选项卡→右击"耦合副"→单击"新建"→"齿轮齿条"，如图4-8所示。

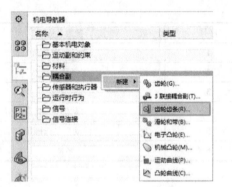

图4-7　打开"齿轮齿条"对话框方式一　　　　图4-8　打开"齿轮齿条"对话框方式二

（3）方式三　在机电概念设计环境中单击"菜单"选项→"插入"→"耦合副"→"齿轮齿条"，如图4-9所示。

3. 齿轮齿条参数含义

如图4-10所示，打开"齿轮齿条副"对话框，各参数的含义见表4-2。

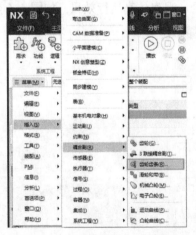

图4-9　打开"齿轮齿条"对话框方式三　　　　图4-10　"齿轮齿条副"对话框

表 4-2　齿轮齿条参数含义

序号	参数名称	含义
1	选择主对象	选择一个运动副作为主对象
2	选择从对象	选择一个运动副作为从对象
3	接触点	指定齿条和齿轮之间的接触点
4	半径	设置齿轮分度圆的半径
5	"滑动"复选框	添加松弛以补偿物理公差
6	名称	设置齿轮齿条的名称

4. 实战演练

【例 4-2】　打开"#例 4-2 齿轮齿条 练习.prt"，对模型中的齿轮和齿条进行"齿轮齿条"命令设置。

要求实现仿真效果：单击"播放"按钮运行仿真，鼠标拖动齿条，齿条和齿轮相互啮合运动。具体操作如下：

1）打开"齿轮齿条副"对话框，"选择主对象"设置为"滑动副_齿条"，"选择从对象"设置为"铰链副_齿轮"，"半径"设置为 20，命名为"齿轮齿条副"。如图 4-11 所示。

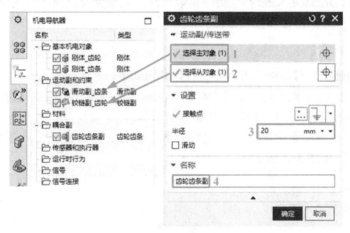

图 4-11　设置齿轮齿条

2）设置完成后单击"播放"按钮，鼠标拖动齿条，观察仿真运行效果。如图 4-12 所示。

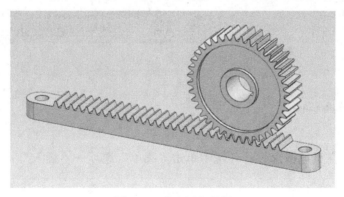

图 4-12　仿真运行效果

第 5 章　传感器和执行器

　　"传感器"和"执行器"命令可以模拟实际设备的传感器和运动驱动，让模型拥有信号反馈和运动控制。"传感器"命令包括"碰撞传感器""距离传感器"和"显示更改器"等命令。"执行器"命令包括"位置控制""速度控制"和"传输面等"命令。

5.1　距离传感器

任务目标　掌握距离传感器的性质和"距离传感器"命令的使用。

1. 距离传感器的概念

　　"距离传感器（Distance Sensor）"命令可以检测传感器到最近碰撞体的距离，并反馈数值和信号来监视和控制事件。

5.1　距离传感器

2. 创建距离传感器

　　打开"距离传感器"对话框的方式有三种，介绍如下。

　　（1）方式一　在机电概念设计环境中单击"主页"选项卡→"碰撞传感器"下拉箭头，在弹出的选项菜单中单击"距离传感器"，如图 5-1 所示。

　　（2）方式二　在资源条中单击"机电导航器"选项卡→右击"传感器和执行器"→单击"新建"→"距离"，如图 5-2 所示。

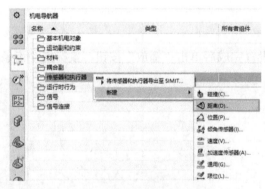

图 5-1　打开"距离传感器"对话框方式一　　图 5-2　打开"距离传感器"对话框方式二

　　（3）方式三　在机电概念设计环境中单击"菜单"选项→"插入"→"传感器"→"距离"，如图 5-3 所示。

3. 距离传感器参数含义

　　如图 5-4 所示，打开"距离传感器"对话框，各参数的含义见表 5-1。

图 5-3 打开"距离传感器"对话框方式三 　　　　　　图 5-4 "距离传感器"对话框

表 5-1 距离传感器参数含义

序号	参数名称	含义
1	选择对象	选择一个刚体作为距离传感器
2	指定点	指定用于测量距离的起点
3	指定矢量	指定测量的方向
4	开口角度	指定测量范围的打开角度
5	范围	指定测量范围的距离
6	仿真过程中 显示距离传感器	在仿真运行的过程中显示传感器范围
7	比例	选中后允许设置输出比例值
8	量度类型	选择输出参数类型
9	输出范围下限	设置最小输出值
10	输出范围上限	设置最大输出值
11	名称	设置距离传感器的名称

4. 实战演练

【例 5-1】 打开"#例 5-1 距离传感器 练习.prt",对模型中的距离传感器进行"距离传感器"命令设置。

要求实现仿真效果:单击"播放"按钮运行仿真,使用鼠标将物料拖动到距离传感器检测范围中,通过运行时察看器观察距离值的变化情况。具体操作如下:

1)打开"距离传感器"对话框,"选择对象"设置为"刚体_距离传感器","指定点"设置为传感器检测面的中心点,"指定矢量"选择"Z 轴负方向","开口角度"设置为 0,"范围"设置为 60,命名为"距离传感器_传感器"。如图 5-5、图 5-6 所示。

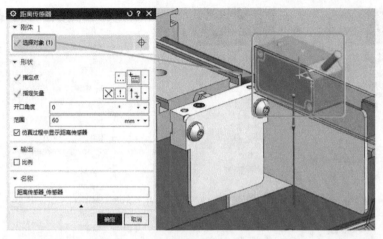

图 5-5　设置距离传感器（1）

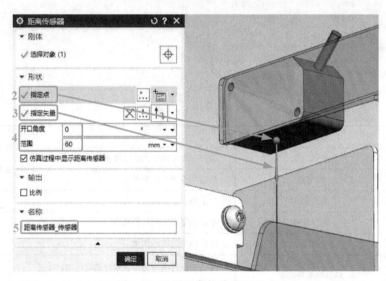

图 5-6　设置距离传感器（2）

2）设置完成后在机电导航器中右击"距离传感器_传感器"，在弹出的快捷菜单中选择"添加到察看器"，单击"播放"按钮运行仿真，鼠标拖动物料到距离传感器下方，在运行时察看器中观察仿真运行效果。如图 5-7、图 5-8 所示。

图 5-7　添加到察看器

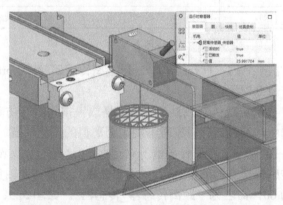

图 5-8　仿真运行效果

5.2　显示更改器

任务目标　掌握显示更改器的性质和"显示更改器"命令的使用。

1. 显示更改器的概念

"显示更改器（Display Changer）"命令用于运行过程中更改几何体的显示属性，包括颜色、半透明度和可见性。在 NX MCD 中，"显示更改器"命令常用于对灯的设置。

5.2　显示更改器

2. 创建显示更改器

打开"显示更改器"对话框的方式有三种，介绍如下。

（1）方式一　在机电概念设计环境中单击"主页"选项卡→"机械"命令组中的更多选项箭头→"显示更改器"，如图 5-9 所示。

（2）方式二　在资源条中单击"机电导航器"选项卡→右击"传感器和执行器"→单击"新建"→"显示更改器"，如图 5-10 所示。

图 5-9　打开"显示更改器"对话框方式一　　　图 5-10　打开"显示更改器"对话框方式二

（3）方式三　在机电概念设计环境中单击"菜单"选项→"插入"→"传感器"→"显示更改器"，如图 5-11 所示。

3. 显示更改器参数含义

如图 5-12 所示，打开"显示更改器"对话框，各参数的含义见表 5-2。

4. 实战演练

【例 5-2】　打开"#例 5-2 显示更改器 练习.prt"，对模型中的距离传感器进行"显示更改器"命令设置。

要求实现仿真效果：单击"播放"按钮运行仿真，在运行时察看器中修改执行模式的值，距离传感器的灯显示对应设置的颜色。具体操作如下：

图 5-11 打开"显示更改器"对话框方式三

图 5-12 "显示更改器"对话框

表 5-2 显示更改器参数含义

序号	参数名称	含义
1	选择对象	选择一个对象作为显示更改器
2	执行模式	选择显示更改发生的频率
3	颜色	选择显示更改的颜色
4	透明度	设置显示更改后的半透明百分比
5	可见性	选中后使显示更改的对象可见
6	名称	设置显示更改器的名称

1）打开"显示更改器"对话框，"选择对象"设置为距离传感器中的一个灯，"颜色"选择绿色，命名为"显示更改器_距离传感器_绿灯"。如图 5-13 所示。

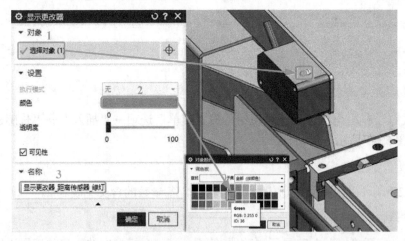

图 5-13 设置显示更改器

2）设置完成后，将"显示更改器_距离传感器_绿灯"添加到运行时察看器中。单击"播放"按钮运行仿真，在运行时察看器中将"执行模式"修改为 1，观察仿真运行效果。如图 5-14 所示。

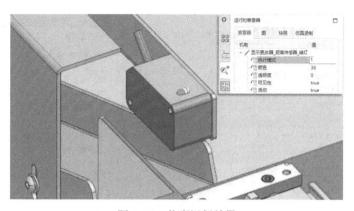

图 5-14 仿真运行效果

5.3 位置控制

任务目标 掌握位置控制的性质和"位置控制"命令的使用。

1. 位置控制的概念

"位置控制（Position Control）"命令用于运动副或传输面中，作为位置驱动参数的执行器，可控制运动几何体的目标位置。

5.3 位置控制

2. 创建位置控制

打开"位置控制"对话框的方式有三种，介绍如下。

（1）方式一 在机电概念设计环境中单击"主页"选项卡→"位置控制"，如图 5-15 所示。

（2）方式二 在资源条中单击"机电导航器"选项卡→右击"传感器和执行器"→单击"新建"→"位置控制"，如图 5-16 所示。

图 5-15 打开"位置控制"对话框方式一 图 5-16 打开"位置控制"对话框方式二

（3）方式三 在机电概念设计环境中单击"菜单"选项→"插入"→"执行器"→"位置控制"，如图 5-17 所示。

3. 位置控制参数含义

如图 5-18 所示，打开"位置控制"对话框，各参数的含义见表 5-3。

图 5-17　打开"位置控制"对话框方式三

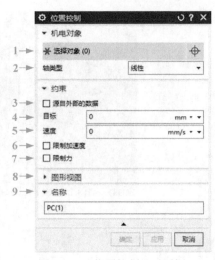

图 5-18　"位置控制"对话框

表 5-3　位置控制参数含义

序号	参数名称	含义
1	选择对象	选择需要控制的运动副或传输面
2	轴类型	选择运动副的轴类型
3	源自外部的数据	选中后停用约束组，以便机器控制器可以控制位置控制执行器
4	目标	设置运动副的最终位置
5	速度	设置运动副的恒定速度
6	限制加速度	选中后可设置最大加速度和最大减速度
7	限制力	选中后可设置正向力和反向力的限制值，可选择一个信号与执行器的力作比较，以确定是否过载
8	图形视图	根据约束组值显示运动特征
9	名称	设置位置控制的名称

4．实战演练

【例 5-3】　打开"#例 5-3 位置控制 练习.prt"，对模型中的退料气缸进行位置控制设置。

要求实现仿真效果：单击"播放"按钮运行仿真，在运行时察看器中修改位置数值，使退料气缸完成退料操作。具体操作如下：

1）打开"位置控制"对话框，"选择对象"设置为"滑动副_退料气缸"，"目标"设置为0，"速度"设置为300，命名为"位置控制_退料气缸"。如图 5-19 所示。

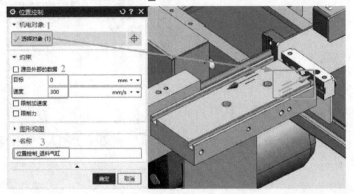

图 5-19　设置位置控制

2）设置完成后，将"位置控制_退料气缸"添加到运行时察看器中，单击"播放"按钮运行仿真，在运行时察看器中将"位置"修改为 60，观察仿真运行效果。如图 5-20 所示。

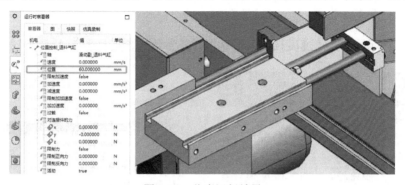

图 5-20　仿真运行效果

5.4　速度控制

任务目标　掌握速度控制的性质和"速度控制"命令的使用。

1. 速度控制的概念

"速度控制（Speed Control）"命令用于运动副中，作为速度驱动参数的执行器，可控制运动几何体的目标速度。

5.4　速度控制

2. 创建速度控制

打开"速度控制"对话框的方式有三种，介绍如下。

（1）方式一　在机电概念设计环境中单击"主页"选项卡→"位置控制"下拉箭头，在弹出的选项菜单中单击"速度控制"，如图 5-21 所示。

（2）方式二　在资源条中单击"机电导航器"选项卡→右击"传感器和执行器"→单击"新建"→"速度控制"，如图 5-22 所示。

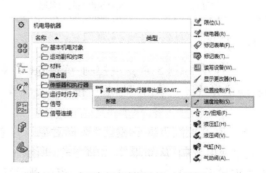

图 5-21　打开"速度控制"对话框方式一　　　　图 5-22　打开"速度控制"对话框方式二

（3）方式三　在机电概念设计环境中单击"菜单"选项→"插入"→"执行器"→"速度控制"，如图 5-23 所示。

3. 速度控制参数含义

如图 5-24 所示，打开"速度控制"对话框，各参数的含义见表 5-4。

图 5-23　打开"速度控制"对话框方式三　　　　　图 5-24　"速度控制"对话框

表 5-4　速度控制参数含义

序号	参数名称	含义
1	选择对象	选择需要控制的运动副或传输面
2	轴类型	选择运动副的轴类型
3	速度	设置运动副的恒定速度
4	限制加速度	选中后可设置最大加速度
5	限制力	选中后可设置正向力和反向力的限制值，可选择一个信号与执行器的力作比较，以确定是否过载
6	图形视图	根据约束组值显示运动特征
7	名称	设置速度控制的名称

4. 实战演练

【例 5-4】　打开"#例 5-4 速度控制 练习.prt"，对模型中的从动辊进行速度控制设置。

要求实现仿真效果：单击"播放"按钮运行仿真，从动辊以设定的速度恒速转动。具体操作如下：

1）打开"速度控制"对话框，"选择对象"设置为"铰链副_从动辊"，"速度"设置为350，命名为"速度控制_从动辊"。如图 5-25 所示。

2）设置完成后"单击"按钮播放，观察仿真运行效果。如图 5-26 所示。

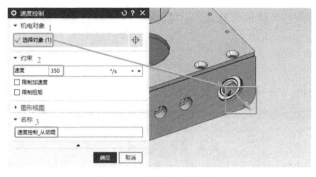

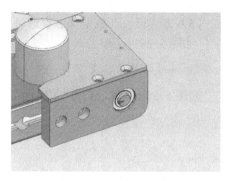

图 5-25　设置速度控制　　　　　　　　　　图 5-26　仿真运行效果

5.5　传输面

任务目标　掌握传输面的性质和"传输面"命令的使用。

1. 传输面的概念

"传输面（Transport Surface）"命令可将指定表面设置为传送带，用于传输。在 NX MCD 中，"传输面"命令可以设置直线形或圆形的传送轨迹，并能设置平行速度、垂直速度等参数。

5.5　传输面

2. 创建传输面

打开"传输面"对话框的方式有三种，介绍如下。

（1）方式一　在机电概念设计环境中单击"主页"选项卡→"位置控制"下拉箭头，在弹出的选项菜单中单击"传输面"，如图 5-27 所示。

（2）方式二　在资源条中单击"机电导航器"选项卡→右击"传感器和执行器"→单击"新建"→"传输面"，如图 5-28 所示。

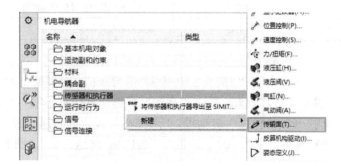

图 5-27　打开"传输面"对话框方式一　　　　图 5-28　打开"传输面"对话框方式二

（3）方式三　在机电概念设计环境中单击"菜单"选项→"插入"→"执行器"→"传输面"，如图 5-29 所示。

3. 传输面参数含义

如图 5-30 所示，打开"传输面"对话框，各参数的含义见表 5-5。

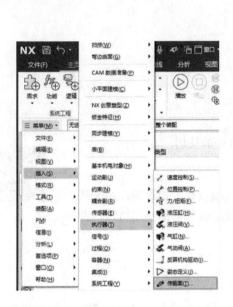

图 5-29　打开"传输面"对话框方式三

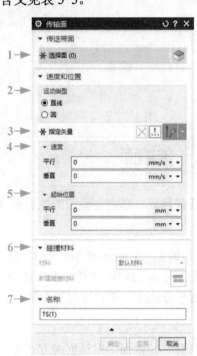

图 5-30　"传输面"对话框

表 5-5　传输面参数含义

序号	参数名称	含义
1	选择面	选择一个面作为传输面
2	运动类型	可将传输面运动指定为直线或圆
3	指定矢量	指定运输方向的矢量
4	速度	设置平行方向或垂直方向的速度
5	起始位置	设置平行方向或垂直方向的起始位置
6	碰撞材料	选择一种碰撞材料分配给传输面
7	名称	设置传输面的名称

4. 实战演练

【例 5-5】　打开"#例 5-5 传输面 练习.prt"，对模型中的传送带进行传输面设置。

要求实现仿真效果：单击"播放"按钮运行仿真，物料在传送带上传送。具体操作如下：

1）打开"传输面"对话框，"选择面"设置为传送带表面，"指定矢量"选择"X 轴正方向"，平行速度设置为 200，命名为"传输面_传送带"。如图 5-31 所示。

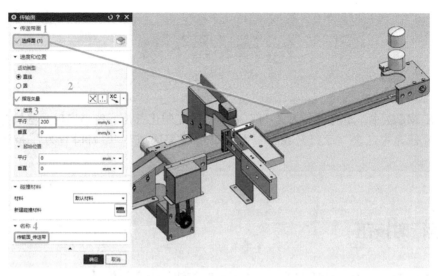

图 5-31　设置传输面

2）设置完成后单击"播放"按钮，观察仿真运行效果。如图 5-32 所示。

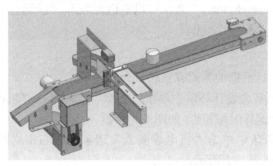

图 5-32　仿真运行效果

第6章 运行时行为

在 NX MCD 中，运行时行为是 NX 中的一种定制化行为，能够实现一些较为复杂的功能。运行时行为中包含"运行时按钮""握爪""胶合区域""运行时行为"和"轨迹生成器"等命令。

6.1 运行时按钮

任务目标 掌握运行时按钮的性质和"运行时按钮"命令的使用。

1. 运行时按钮的概念

"运行时按钮（Runtime Button）"命令可以更改触发和交换运行时参数的状态，以在模拟期间启动和停止操作。

6.1 运行时按钮

2. 创建运行时按钮

打开"运行时按钮"对话框的方式有三种，介绍如下。

（1）方式一 在机电概念设计环境中单击"主页"选项卡→"机械"命令组中的更多选项箭头→"定制行为"→"运行时按钮"，如图 6-1 所示。

（2）方式二 在资源条中单击"机电导航器"选项卡→右击"运行时行为"→单击"新建"→"运行时按钮"，如图 6-2 所示。

图 6-1 打开"运行时按钮"对话框方式一　　图 6-2 打开"运行时按钮"对话框方式二

（3）方式三　在机电概念设计环境中单击"菜单"选项→"插入"→"过程"→"运行时按钮"，如图 6-3 所示。

3. 运行时按钮参数含义

如图 6-4 所示，打开"运行时按钮"对话框，各参数的含义见表 6-1。

图 6-3　打开"运行时按钮"对话框方式三

图 6-4　"运行时按钮"对话框

表 6-1　运行时按钮参数含义

序号	参数名称	含义
1	类型	为运行时按钮选择触发行为 交换：每次双击运行时按钮时，在 True 或 False 之间切换状态 触发：单击运行时按钮时，状态会根据初始值更改为 True 或 False。如果双击运行时按钮，状态为脉冲形式
2	选择对象	选择要模拟按钮的对象
3	初始值	在模拟开始时设置运行时按钮的初始状态
4	为 True 时替代颜色	选中，当运行时按钮的状态为 True 时，以指定的颜色显示运行时按钮
5	为 False 时替代颜色	选中，当运行时按钮的状态为 False 时，以指定的颜色显示运行时按钮
6	名称	设置运行时按钮的名称

4. 实战演练

【例 6-1】 打开"#例 6-1 运行时按钮 练习.prt"，对模型中的按钮进行运行时按钮设置。

要求实现仿真效果：单击"播放"按钮运行仿真，双击按钮，按钮变绿色被触发。具体操作如下：

1）打开"运行时按钮"对话框，"类型"选择"交换"，"选择对象"设置为按钮表面，"初始值"选择"False"，为 true 时替代的颜色选择绿色，命名为"运行时按钮_按钮"，如图 6-5 所示。

图 6-5　设置运行时按钮

2）设置完成后，将"运行时按钮_按钮"添加到运行时察看器中，单击"播放"按钮运行仿真，双击按钮，观察仿真运行效果，如图 6-6 所示。

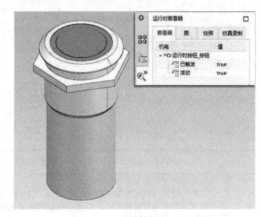

图 6-6　仿真运行效果

3）可自行将"类型"修改为"触发"，运行仿真观察"交换"和"触发"类型的区别。

6.2　握爪

任务目标　掌握握爪的性质和"握爪"命令的使用。

1. 握爪的概念

"握爪（Gripper）"命令能够实现手指握爪（即夹具）或吸盘的功能，通过"握爪"命令设置几何体，能够完成夹持或吸取的动作。在 NX MCD 中，握爪抓取的几何体必须是碰撞体才能被检测到。

6.2a　夹爪

"握爪"命令分为手指握爪和吸盘两种形式。

（1）手指握爪　创建一个带手指的握爪，用于夹持动作。

（2）吸盘　创建带有计时器的模拟吸盘，用于吸取动作。

2. 创建握爪

打开"握爪"对话框的方式有三种，介绍如下。

（1）方式一　在机电概念设计环境中单击"主页"选项卡→"机械"命令组中的更多选项箭头→"定制行为"→"握爪"，如图 6-7 所示。

（2）方式二　在资源条中单击"机电导航器"选项卡→右击"运行时行为"→单击"新建"→"握爪"，如图 6-8 所示。

图 6-7　打开"握爪"对话框方式一　　　　图 6-8　打开"握爪"对话框方式二

（3）方式三　在机电概念设计环境中单击"菜单"选项→"插入"→"过程"→"握爪"，如图 6-9 所示。

图 6-9　打开"握爪"对话框方式三

3. 握爪参数含义

图 6-10 所示为"握爪"对话框-手指握爪，图 6-11 所示为"握爪"对话框-吸盘，各参数

的含义见表 6-2。

图 6-10 "握爪"对话框-手指握爪

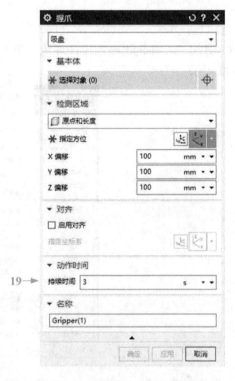

图 6-11 "握爪"对话框-吸盘

表 6-2　握爪参数含义

序号	参数名称			含义
1	选择对象			选择刚体以与手指握爪/吸盘连接
2	检测区域	定义列表		选择要用于定义检测区域的参数集 原点和长度：使用原点和每个轴上与原点的偏移量创建检测区域 中点和长度：使用中点和每个轴上与中点的偏移量创建检测区域 中心点、半径和高度：使用中心点、高度值和半径值创建检测区域
3		指定方位		指定检测区域的坐标点
4		参数设置		设置检测区域的参数
5	对齐	启用对齐		重新定位未精确定位的刚体，以方便被抓取
6		指定坐标系		设置为"启用对齐"时出现 指定坐标系来定义对齐点，以便在检测到的刚体被抓取之前将其移动到位
7	手指（选择"手指握爪"时出现）	类型		选择手指的运动类型 线性：允许使用刚体和矢量设置手指握爪 旋转：允许使用刚体、锚点和矢量来设置手指握爪以约束运动
8		选择手指体		选择一个刚体以指定为手指
9		指定锚点		当类型设置为"旋转"时出现 指定手指围绕其旋转的锚点
10		指定矢量		指定一个矢量来定义运动方向
11		添加新手指		添加一个未定义的新手指，随后给新手指指定手指体和设置参数
12		列表		显示所有手指的列表
13		设置	初始位置	设置手指的初始位置
14			最大位置	设置手指可以移动的最大距离
15			速度	设置握爪处于活动状态时的手指运动速度
16			移动预览	通过移动滑块来预览手指握爪的运动范围
17		碰撞	碰撞时停止抓握	选中此项，碰撞时停止抓握
18			选择手指碰撞面	选择一个面，当它与另一个碰撞体碰撞时停止握爪运动
19	动作时间（选择"吸盘"时出现）	持续时间		抓握和释放切换之后开始计时，计时完成后根据抓握和释放的状态实现抓握或释放。例如，当前抓握为 False，释放为 True，持续时间为 3s，将抓握改为 True，时间开始倒计时 3s，同时将释放改为 False，当持续时间倒计时完成，则会吸住当前检测区域内的碰撞体
20	名称			设置握爪的名称

4. 实战演练

【例 6-2a】　打开"#例 6-2a 夹爪 练习.prt"，对模型中的夹爪进行握爪设置。

要求实现仿真效果：单击"播放"按钮运行仿真，在运行时察看器中双击"抓握"，夹爪就夹紧，物料无法挪动。具体操作如下：

1）打开"握爪"对话框，选择"手指握爪"。"选择对象"设置为"刚体_夹爪气缸"，"检测区域"方式选择"中心点、半径和高度"，"指定方位"设置为物料中心位置，"高度"设置为 10，"半径"设置为 10，选中"启用对齐"复选框，将"指定坐标系"设置为物料质心坐标系，手指"类型"选择"线性"。添加两个新手指，"手指 1"设置为左边夹爪，"指定矢量"设置为"Y 轴正方向"，"手指 2"设置为右边夹爪，"指定矢量"设置为"Y 轴负方向"，"初始位置"设置为 0，"最大位置"设置为 5，"速度"设置为 100，命名为"握爪_夹爪"，如图 6-12所示。

2）设置完成后，将"握爪_夹爪"添加到运行时察看器中，单击"播放"按钮运行仿真。

在运行时察看器中，双击"释放"的值，将其更改为 false，再将"抓握"的值更改为 true，观察仿真运行效果，如图 6-13 所示。

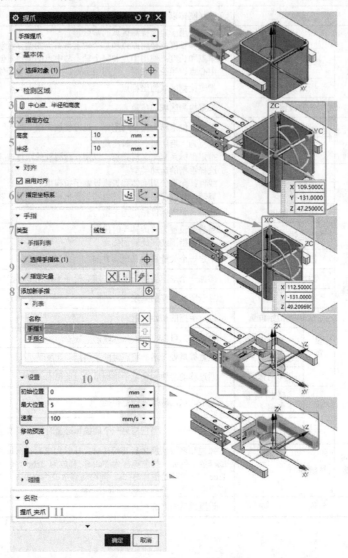

图 6-12　设置夹爪

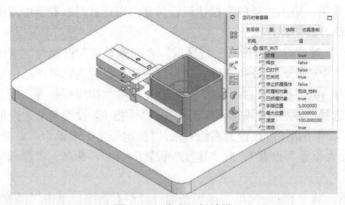

图 6-13　仿真运行效果

【例 6-2b】　打开"#例 6-2b 吸盘 练习.prt"，对模型中的吸盘进行握爪设置。

6.2b　吸盘

要求实现仿真效果：单击"播放"按钮运行仿真，在运行时察看器中双击"抓握"，吸盘就吸气，吸起物料。具体操作如下：

1）打开"握爪"对话框，选择"吸盘"。"选择对象"设置为"刚体_吸盘"，"检测区域"方式选择"中心点、半径和高度"，"指定方位"设置为吸盘底部中心位置，"高度"设置为 3，"半径"设置为 8，"持续时间"设置为 0.1，命名为"握爪_吸盘"，如图 6-14 所示。

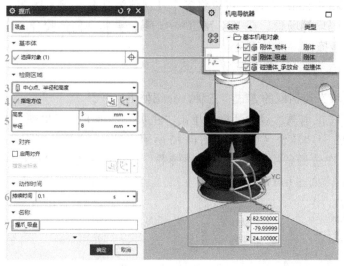

图 6-14　设置吸盘

2）设置完成后，将"位置控制_吸盘"和"握爪_吸盘"添加到运行时察看器中，单击"播放"按钮运行仿真。在运行时察看器中，将"位置控制_吸盘"的位置修改为 15，再双击"握爪_吸盘""释放"的值，将其更改为 false，再将"抓握"的值更改为 true，最后将"位置控制_吸盘"的位置修改为 0，观察仿真运行效果，如图 6-15 所示。

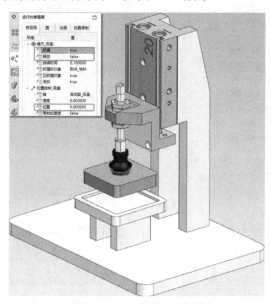

图 6-15　仿真运行效果

6.3 胶合区域

任务目标 掌握胶合区域的性质和"胶合区域"命令的使用。

1. 胶合区域的概念

6.3 胶合区域

"胶合区域（Bond Zone）"命令可以将多个几何体组合在一起，例如，可以模拟组装、物料码垛等场景。在 NX MCD 中，若需要将几何体胶合，几何体需设置为刚体和碰撞体。

2. 创建胶合区域

打开"胶合区域"对话框的方式有三种，介绍如下。

（1）方式一 在机电概念设计环境中单击"主页"选项卡→"机械"命令组中的更多选项箭头→"定制行为"→"胶合区域"，如图 6-16 所示。

（2）方式二 在资源条中单击"机电导航器"选项卡→右击"运行时行为"→单击"新建"→"胶合区域"，如图 6-17 所示。

图 6-16 打开"胶合区域"对话框方式一　　　　　图 6-17 打开"胶合区域"对话框方式二

（3）方式三 在机电概念设计环境中单击"菜单"选项→"插入"→"过程"→"胶合区域"，如图 6-18 所示。

3. 胶合区域参数含义

如图 6-19 所示，打开"胶合区域"对话框，各参数的含义见表 6-3。

图 6-18　打开"胶合区域"对话框方式三　　　　图 6-19　"胶合区域"对话框

表 6-3　胶合区域参数含义

序号	参数名称		含义
1	区域	定义列表	选择要用于定义胶合区域的参数集 原点和长度：使用原点、坐标系和每个轴上与原点的偏移量来创建胶合区域 中点和长度：使用中点、坐标系和每个轴上与原点的偏移量创建胶合区域 中心点、半径和高度：使用中心点、坐标系、高度值和半径值创建胶合区域
2		指定方位	指定胶合区域的坐标点
3		参数设置	设置胶合区域的参数
4	选择刚体		选择要在胶合区域中胶合在一起的刚体
5	类别		设置碰撞类别，在胶合区域中只能检测和胶合相同碰撞类别的碰撞体
6	操作模式		选择如何激活胶合区域 碰撞：自动胶合在胶合区域内发生碰撞的刚体 用户定义：由用户定义在胶合区域的运行时参数，控制是否启动胶合
7	名称		设置胶合区域的名称

4. 实战演练

【例 6-3】　打开"#例 6-3 胶合区域 练习.prt"，对模型进行胶合区域设置。

要求实现仿真效果：单击"播放"按钮运行仿真，在运行时察看器中控制模型，推料气缸将物料推至刀片位置，将物料切割成两部分。具体操作如下：

1）打开"胶合区域"对话框，在"区域"下拉列表中选择"原点和长度"，"指定方位"设置为"刚体_物料 3"左下角端点，"X""Y""Z"偏移分别设置为 50、54、25，命名为"胶合区域_切割前"，如图 6-20 所示。

2）打开"胶合区域"对话框，在"区域"下拉列表中选择"原点和长度"，"指定方位"设置为"刀片"左下角端点，"X""Y""Z"偏移分别设置为 50、36、25，命名为"胶合区域_切割后"，如图 6-21 所示。

3）设置完成后，将"位置控制_推料活塞""胶合区域_切割前"和"胶合区域_切割后"添加到运行时察看器中，单击"播放"按钮运行仿真。在运行时察看器中，将"胶合区域_切割前"的"操作模式"修改为 1，将"位置控制_推料活塞"的"位置"修改为 100，再双击"胶合区域_切割后"的"更新"，将其更改为 true，观察仿真运行效果，如图 6-22 所示。

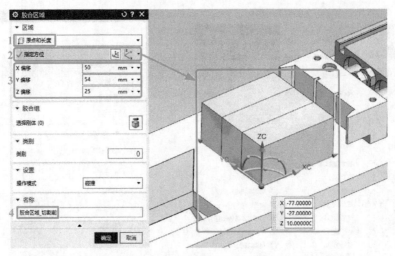

图 6-20　设置胶合区域_切割前

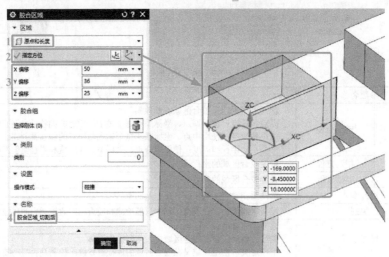

图 6-21　设置胶合区域_切割后

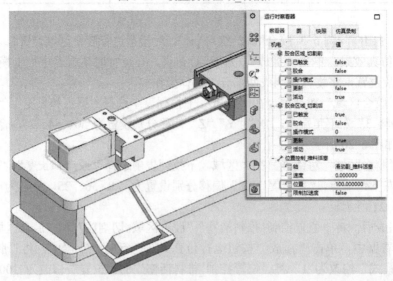

图 6-22　仿真运行效果

6.4 运行时行为

任务目标　掌握运行时行为的性质和"运行时行为"命令的使用。

1. 运行时行为的概念

"运行时行为（Runtime Behavior）"命令通过 C#代码对机电一体化系统的对象进行控制以及定义其行为，适用于对运动控制有比较复杂的控制要求。

6.4　运行时行为

2. 创建运行时行为

打开"运行时行为代码"对话框的方式有三种，介绍如下。

（1）方式一　在机电概念设计环境中单击"主页"选项卡→"机械"命令组中的更多选项箭头→"定制行为"→"运行时行为"，如图 6-23 所示。

（2）方式二　在资源条中单击"机电导航器"选项卡→右击"运行时行为"→单击"新建"→"运行时行为"，如图 6-24 所示。

（3）方式三　在机电概念设计环境中单击"菜单"选项→"插入"→"过程"→"运行时行为"，如图 6-25 所示。

图 6-23　打开"运行时行为代码"对话框方式一

图 6-24　打开"运行时行为代码"对话框方式二

图 6-25　打开"运行时行为代码"对话框方式三

3. 运行时行为参数含义

如图 6-26 所示，打开"运行时行为代码"对话框，各参数的含义见表 6-4。

4. 编辑器结构介绍

图 6-27 所示为运行时行为编辑器的程序结构，介绍如下。

图 6-26 "运行时行为代码"对话框

表 6-4 运行时行为参数含义

序号	参数名称	含义
1	来源清单	显示活动源文件的名称
2	打开源文件	选择要打开的源文件
3	打开编辑器	打开一个嵌入式运行时行为编辑器，可以创建新的源文件
4	参数列表	显示源文件中可用的参数列表
5	选择	可从图形窗口中选择一个对象并与列表中选择的源文件参数连接
6	删除	删除源文件参数中的值
7	自动映射	当源文件参数的名称与机电属性中的名称一致时，将会执行自动映射
8	名称	设置运行时行为的名称

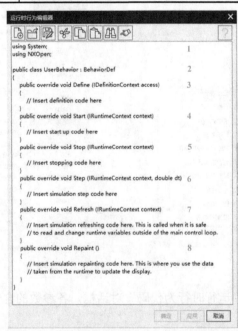

图 6-27 运行时行为编辑器

1）引用命名空间。

2）定义全局变量。

3）数据连接，将程序的变量与 MCD 中的参数进行相互连接。

4）初始化数据，仅在仿真开始时执行一次。

5）清理工作，仅在仿真结束时执行一次。

6）仿真操作步，每一个仿真步都在此处执行，主要用于动态控制工作。

7）此处插入仿真刷新代码，当可以安全地读取和更改主控制循环之外的运行时变量时，将调用此函数。

8）此处插入重绘仿真代码，可以使用运行时数据更新 MCD 组件显示。

5. 实战演练

【例 6-4】 打开"#例 6-4 运行时行为 练习.prt"，对模型进行运行时行为设置。

要求实现仿真效果：单击"播放"按钮运行仿真，按下按钮，传送带启动，松开按钮，传送带停止。具体操作如下：

1）先对模型中的物料、按钮和传送带做基本的机电配置，此处不再赘述，具体一些参数如图 6-28、图 6-29 所示。

图 6-28　设置滑动副_按钮

图 6-29　设置弹簧阻尼器_按钮

2）打开"运行时行为代码"对话框，如图 6-30 所示。单击"打开编辑器"按钮，在弹出的"运行时行为编辑器"对话框中编写程序。

3）程序编写如图 6-31 所示。

① TransportSurface TS：表示定义一个名为 TS 的传输面变量。

② SlidingJoint SJ：表示定义一个名为 SJ 的滑动副变量。

③ access.Connect("传输面_传送带", out TS)：表示将 TS 变量与"传输面_传送带"连接（双引号中的名称是 TS 变量在外部的名称，可将其命名与 MCD 中相对应的机电对象同名，方便后续实施自动映射）。

图 6-30　"运行时行为代码"对话框

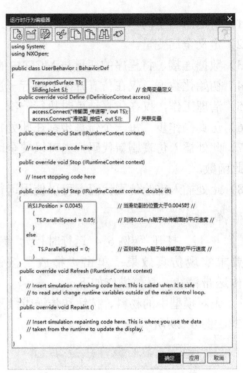

图 6-31　编写程序

④ access.Connect("滑动副_按钮", out SJ)：表示将 SJ 变量与"滑动副_按钮"连接。

⑤ SJ.Position：表示控制 SJ 的位置（编程时注意单位换算，此处默认单位是 m，而 MCD 中默认单位是 mm）。

⑥ TS.ParallelSpeed：表示控制 TS 的平行速度。

4）编写完成后单击"确定"按钮，如果编程中关联变量命名与 MCD 中名称一致，单击"自动映射"按钮 🖱，完成配置；如果不一致则手动映射，在参数列表中选中一个参数，然后单击机电导航器中对应的机电对象，完成映射。命名为"运行时行为"，如图 6-32 所示。

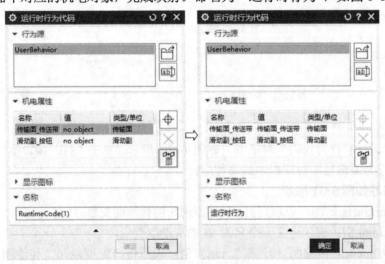

图 6-32　参数映射

5）设置完成后单击"播放"按钮运行仿真，按下按钮，观察仿真运行效果，如图 6-33 所示。

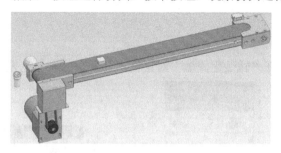

图 6-33　仿真运行效果

6.5　轨迹生成器

任务目标　掌握轨迹生成器的性质和"轨迹生成器"命令的使用。

1. 轨迹生成器的概念

6.5　轨迹生成器

"轨迹生成器（Tracer）"命令能够在整个模拟过程中跟踪刚体上的点的路径。在刚体上选择一个点，然后运行模拟。停止模拟后，点走过的路径将显示在图形窗口中，并在部件导航器中创建样条曲线，同时还能够对此样条曲线生成格式为.xml 的轨迹文件。

2. 创建轨迹生成器

打开"轨迹生成器"对话框的方式有三种，介绍如下。

（1）方式一　在机电概念设计环境中单击"主页"选项卡→"机械"命令组中的更多选项箭头→"定制行为"→"轨迹生成器"，如图 6-34 所示。

（2）方式二　在资源条中单击"机电导航器"选项卡→右击"运行时行为"→单击"新建"→"轨迹生成器"，如图 6-35 所示。

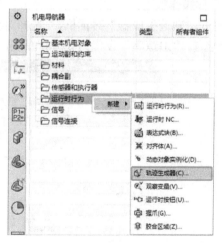

图 6-34　打开"轨迹生成器"对话框方式一　　图 6-35　打开"轨迹生成器"对话框方式二

（3）方式三　在机电概念设计环境中单击"菜单"选项→"插入"→"过程"→"轨迹生成器"，如图6-36所示。

3. 轨迹生成器参数含义

如图6-37所示，打开"轨迹生成器"对话框，各参数的含义见表6-5。

图6-36　打开"轨迹生成器"对话框方式三　　　　　图6-37　"轨迹生成器"对话框

表6-5　轨迹生成器参数含义

序号	参数名称	含义
1	选择对象	选择需要生成轨迹的刚体
2	指定点	选择一个点，运动轨迹以此点生成
3	追踪率	设置追踪率，最小值为0.001
4	名称	设置轨迹生成器的名称

4. 实战演练

【例6-5】　打开"#例6-5 轨迹生成器 练习.prt"，对模型中的激光头进行轨迹生成器设置。

要求实现仿真效果：单击"播放"按钮运行仿真，激光头运动一个周期后，停止播放，可看到轨迹生成。具体操作如下：

1）打开"轨迹生成器"对话框，"选择对象"设置为"刚体_激光头"，"指定点"设置为激光头顶点位置，"追踪率"设置为0.01s，命名为"轨迹生成器"，如图6-38所示。

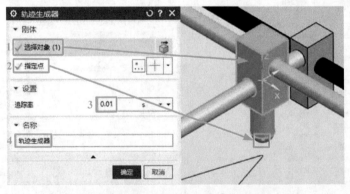

图6-38　设置轨迹生成器

2）单击"播放"按钮运行仿真，等待激光头运动一周后停止播放，观察仿真运行效果，如图 6-39、图 6-40 所示。

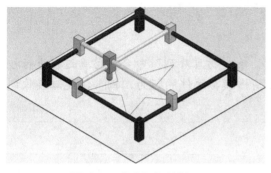

图 6-39　仿真运行效果（1）

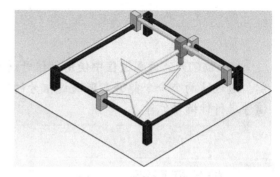

图 6-40　仿真运行效果（2）

3）右击"轨迹生成器"，在快捷菜单中选择"导出轨迹"，打开"导出轨迹"对话框。根据需要选择"欧拉角"约定方式，单击 按钮，设置保存路径以及文件名称，即可导出一个.xml 格式的文件，如图 6-41 所示。

图 6-41　导出轨迹

NX MCD 的仿真过程中使用"信号适配器"和"仿真序列"命令对仿真过程进行控制。通过这两个命令能够实现通过信号的输入/输出模拟元件的行为，例如，气缸接收到信号进行伸缩动作等。

7.1　信号适配器

任务目标　掌握信号适配器的性质和"信号适配器"命令的使用。

1. 信号适配器的概念

"信号适配器（Signal Adapter）"命令能够编写公式和创建信号，对机电对象进行行为控制。创建包含信号的信号适配器后，会在机电导航器中自动创建信号对象，可以使用该信号连接外部信号，也可以在 MCD 内使用"仿真序列"命令控制该信号。在一个信号适配器中可以包含若干个信号和公式。

7.1　信号适配器

2. 创建信号适配器

打开"信号适配器"对话框的方式有三种，介绍如下。

（1）方式一　在机电概念设计环境中单击"主页"选项卡→"电气"命令组中"符号表"下拉箭头→"信号适配器"，如图 7-1 所示。

（2）方式二　在资源条中单击"机电导航器"选项卡→右击"信号"→单击"新建"→"信号适配器"，如图 7-2 所示。

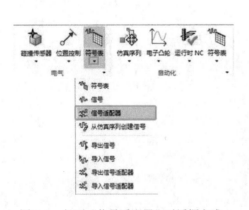

图 7-1　打开"信号适配器"对话框方式一

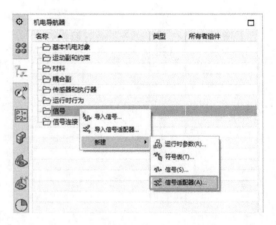

图 7-2　打开"信号适配器"对话框方式二

（3）方式三　在机电概念设计环境中单击"菜单"选项→"插入"→"信号"→"信号适配器"，如图 7-3 所示。

图 7-3 打开"信号适配器"对话框方式三

3. 信号适配器参数含义

如图 7-4 所示，打开"信号适配器"对话框，各参数的含义见表 7-1。

图 7-4 "信号适配器"对话框

表 7-1　胶合区域参数含义

序号	参数名称		含义
1	参数	⊕ 选择 机电对象	选择要添加到信号适配器的机电对象
2		参数名称	显示选定机电对象中的参数
3		⁺ 添加参数	将在参数名称列表中选择的参数添加到参数列表中
4		参数列表	显示添加的参数及其所有属性值，并允许更改
5	信号	⁺ 添加	将信号添加到信号列表中
6		信号列表	显示添加的信号及其所有属性值，并允许更改 注意：信号的输入或输出属性，是相对于 MCD 而言的。输入是指外部输入到 MCD 中，输出则反之
7	公式	公式列表	当在信号列表或参数列表中选中信号或参数旁边的复选框时，信号或参数将被添加到此列表中，为信号和参数分配公式的函数。输入信号只能用于公式，不能分配公式。参数可以是一个或多个参数或信号的函数
8		⁺ 添加	将"公式"文本框中显示的公式分配给选定的参数或信号。添加新公式，以便可以将公式用作另一个函数中的变量
9		"公式"文本框	选择、输入或编辑公式
10		f(x) 插入函数	对所选参数或信号插入函数
11		插入条件	对选定的参数或信号添加新的条件语句
12		扩展文本 输入	显示一个大文本框以编写复杂的公式
13	显示图标		过滤图形窗口，仅显示所选机电对象的图标
14	名称		设置信号适配器的名称

4．创建信号适配器的操作流程

一般对机电对象的参数或信号进行控制，使用"信号适配器"命令创建控制的流程如下。

1）在"信号适配器"对话框的"参数"选项组中，单击"选择机电对象"按钮⊕。

2）在图形窗口或机电导航器中，选择要添加到信号适配器的机电对象。

3）从参数名称列表中，选择要添加到信号适配器的参数，然后单击"添加参数"按钮⁺。所选参数将添加到参数列表中，并显示所有参数的属性。

4）在"信号"选项组中，单击"添加"按钮⁺，信号属性显示在信号列表中。要更改信号属性值，单击"信号"选项组中的属性单元格然后更改值。

5）要将公式分配给参数或信号，选中相应表格中参数或信号旁边的复选框。选定的参数或信号即被添加到公式列表中。

6）在"公式"选项组中，单击信号或参数，然后在下方的"公式"文本框中输入公式，完成公式编写后按〈Enter〉键。注意：只能使用通用 NX 表达式和函数。

示例：[信号或参数别名] * 360 / 2 * pi( )

7）在"名称"文本框中，输入信号适配器的名称，然后单击"确定"按钮，完成信号适配器的创建。

5．实战演练

【例 7-1】 打开"#例 7-1 信号适配器 练习.prt"，对模型进行信号适配器设置。

要求实现仿真效果：单击"播放"按钮运行仿真，单击运行时察看器中的"信号"，对应的机电对象做出相应的动作。具体操作如下：

1）打开"信号适配器"对话框，在"参数"选项组中"选择机电对象"设置为"位置控制

_退料气缸"，"参数名称"选择"位置"，单击 ⊞ 按钮添加参数，如图 7-5 所示。

图 7-5　添加参数

2）选中"指派为"，将"别名"修改为"退料气缸_位置"，如图 7-6 所示。

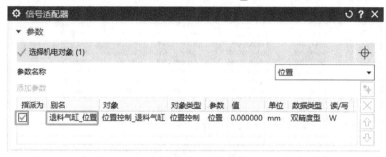

图 7-6　更改别名

3）在信号列表中，单击 ⊞ 按钮添加信号。添加三个信号，"名称"分别修改为"退料气缸""退料气缸前限"和"退料气缸后限"，"数据类型"选择"布尔型"，三个信号的"输入/输出"分别选择"输入""输出"和"输出"，输出信号选中"指派为"，如图 7-7 所示。

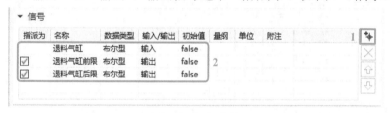

图 7-7　添加信号

4）在公式列表中，选中"退料气缸_位置"，单击 ▦ 按钮插入条件，按图 7-8 填写好条件，单击"确定"按钮。

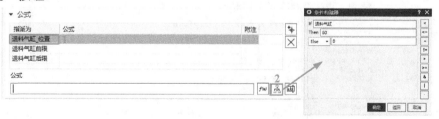

图 7-8　添加条件

5）将其余两个信号也分别插入条件，完成公式编写，如图 7-9 所示。

6）其他信号按同样的方式配置，配置完成将"名称"设置为"信号适配器"，如图 7-10 所示。

7）设置完成后将"信号适配器"添加到运行时察看器中，单击"播放"按钮运行仿真。在运行时察看器中修改信号的值，观察仿真运行效果，如图 7-11 所示。

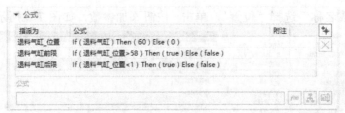

图 7-9　编写公式

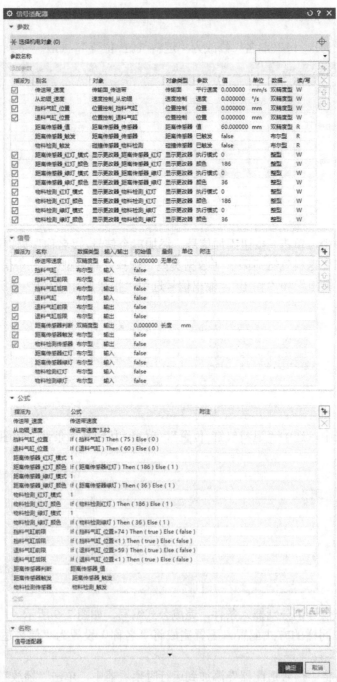

图 7-10　所有信号

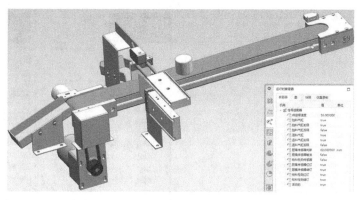

图 7-11　仿真运行效果

7.2　仿真序列

任务目标　掌握仿真序列的性质和"仿真序列"命令的使用。

1. 仿真序列的概念

"仿真序列（Operation）"命令主要用于控制 MCD 内的机电对象，例如，控制固定副的活动性、传输面的速度等，还可以通过"仿真序列"命令完成整个设备的活动流程。

7.2　仿真序列

仿真序列主要分为基于时间的基本行为和基于事件的基本行为。

（1）基于时间的基本行为　通过设置固定的时间完成定制行为，如在特定时间段内激活传输面。

（2）基于事件的基本行为　通过条件语句控制是否触发定制行为，如碰撞传感器激活时速度控制执行器停止。

2. 创建仿真序列

打开"仿真序列"对话框的方式有三种，介绍如下。

（1）方式一　在机电概念设计环境中单击"主页"选项卡→"自动化"命令组→"仿真序列"，如图 7-12 所示。

图 7-12　打开"仿真序列"对话框方式一

（2）方式二　在资源条中单击"序列编辑器"选项卡→空白处右击→单击"添加仿真序列"，如图 7-13 所示。

（3）方式三　在机电概念设计环境中单击"菜单"选项→"插入"→"过程"→"仿真序列"，如图 7-14 所示。

3. 仿真序列参数含义

如图 7-15 所示，打开"仿真序列"对话框，各参数的含义见表 7-2。

图 7-13　打开"仿真序列"对话框方式二

图 7-14　打开"仿真序列"对话框方式三

a)　　　　　　　　　　　b)

图 7-15　"仿真序列"对话框

a) 选择"仿真序列"　b) 选择"暂停仿真序列"

表 7-2　仿真序列参数含义

序号	参数名称	含义
1	类型	指定要创建的操作类型：仿真序列或暂停仿真序列
2	选择对象	当类型设置为"仿真序列"时出现，设置要控制的机电对象
3	显示图标	过滤图形窗口，仅显示所选机电对象的图标
4	持续时间	当类型设置为"仿真序列"时出现，设置仿真序列的持续时间
5	运行时参数列表	当类型设置为"仿真序列"时可用 显示可控制的运行时参数的列表，要使仿真序列可以控制参数，在"设置"列中选中该参数的复选框 提示：要设置参数的值，双击该值单元格
6	编辑参数	选择机电对象并且在运行时参数列表中选中除活动之外的所有参数复选框时可用 选中参数复选框后，可以在运行时参数列表中的参数列中指定该参数的值
7	条件列表	当选择"选择条件对象"时可用 显示所有条件，可以对条件进行触发值的设定 在 处右击，可添加条件，逻辑关系可选 And 或 Or
8	编辑条件参数	为在条件列表中选择的参数指定值
9	选择条件对象	当类型设置为"仿真序列"时，可以选择一个条件对象，该对象提供运行时参数以确定仿真序列的启动条件 当类型设置为"暂停仿真序列"时，可以创建条件来控制仿真序列的暂停
10	名称	设置仿真序列的名称

　　如图 7-16 所示，打开"序列编辑器"对话框，在此对话框中能对所有的仿真序列进行操作，如连接、调整时间等。不同类型的仿真序列有不同的图标，图 7-16 中各图标名称见表 7-3。

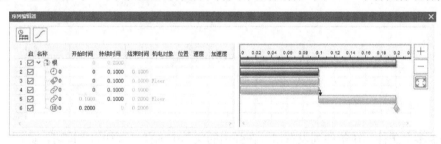

图 7-16　"序列编辑器"对话框

表 7-3　仿真序列图标注释

序号	图标名称	注释
1	基于时间的仿真序列	：右侧图中显示为蓝色条形
2	基于事件的仿真序列	：右侧图中显示为绿色条形
3	通过链接器将仿真序列连接在一起	：按住仿真序列拖向另一仿真序列即可连接
4	链接器	：右击此图标可改变逻辑关系：And 或 Or
5	暂停仿真序列	⑪
6	控制仿真序列的活动性	☑

4. 实战演练

【例 7-2】　打开"#例 7-2 仿真序列 练习.prt"，对模型进行仿真序列设置。

　　要求实现仿真效果：单击"播放"按钮运行仿真，使用鼠标单击"对象源"添加物料，成品物料被传输到传送带末端滑槽，次品物料被传输到中间滑槽位置，使用退料气缸将其推入滑槽。具体操作如下：

1）打开"仿真序列"对话框，"机电对象"和"选择条件对象"均选择"信号适配器"（后续的仿真序列都是选择"信号适配器"，不再复述），"持续时间"设置为 0，"运行时参数"选中"传送带速度"，"运算符"选择":="，"值"设置为 200，条件参数选择"物料检测传感器"，"运算符"选择"=="，"值"设置为 true，命名为"有料_启动传送带"，如图 7-17 所示。

图 7-17　添加仿真序列

2）如需多个条件，在条件列表右击，在弹出的菜单中选择"添加组"即可，如图 7-18 所示。

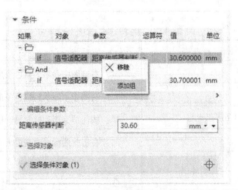

图 7-18　添加条件组

3）按同样操作配置其他仿真序列，如图 7-19～图 7-44 所示。

注意："7.1 信号适配器"中显示更改器的"执行模式"设置为 1，这种方式对于模型中显示更改器设置得比较少时可以使用，但显示更改器比较多时，这种方式会增大 PC 设备的工作压力，增大延迟时间。因此，显示更改器的执行模式一般使用仿真序列设置，使其只有在触发显示更改器时才执行一次执行模式。这样可以大幅度降低内存占用，减小 PC 设备压力，减少

延迟时间。因此仿真序列（19）～仿真序列（26）显示更改器的执行模式使用仿真序列设置，机
电选择对象为名称所对应的显示更改器。

图 7-19　仿真序列（1）

图 7-20　仿真序列（2）

图 7-21　仿真序列（3）

图 7-22　仿真序列（4）

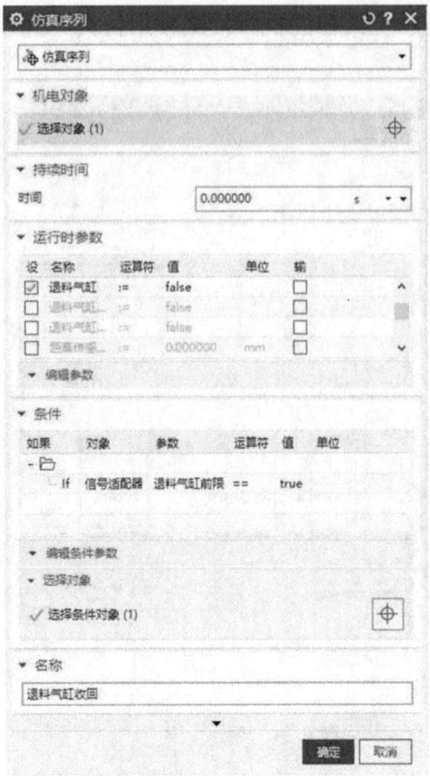

图 7-23　仿真序列（5）　　　　　　　　图 7-24　仿真序列（6）

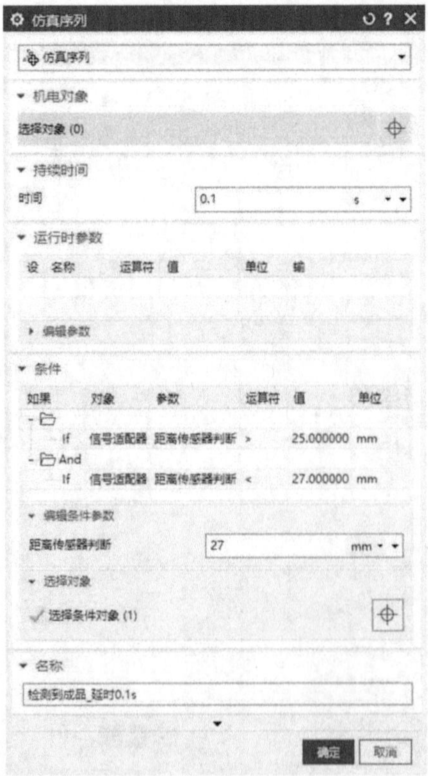

图 7-25　仿真序列（7） 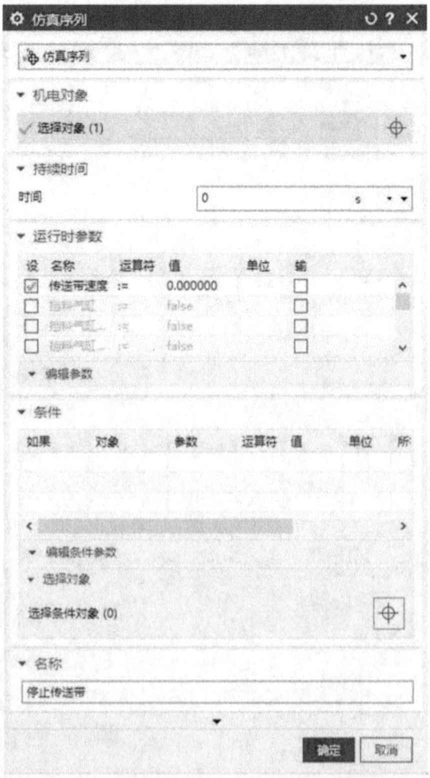　　　　　　　　图 7-26　仿真序列（8）

图 7-27 仿真序列（9）

图 7-28 仿真序列（10）

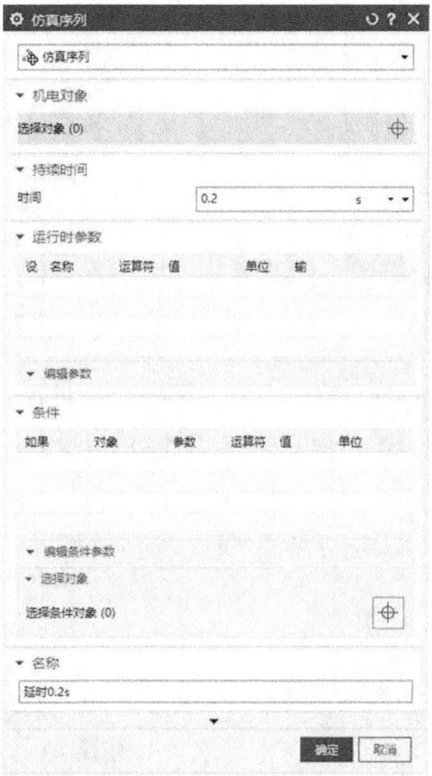

图 7-29 仿真序列（11）

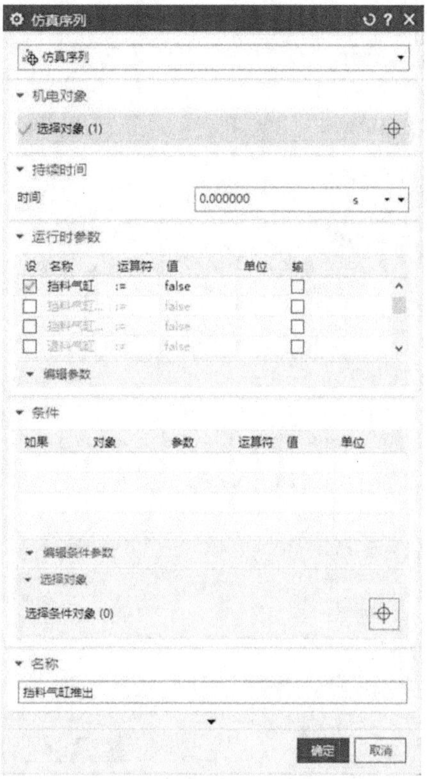

图 7-30 仿真序列（12）

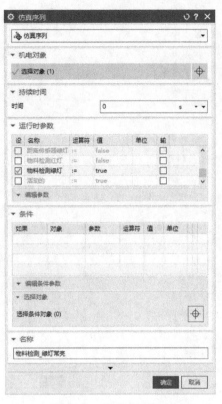

图 7-31 仿真序列（13）

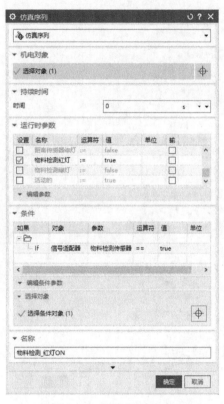

图 7-32 仿真序列（14）

图 7-33 仿真序列（15）

图 7-34 仿真序列（16）

图 7-35　仿真序列（17）

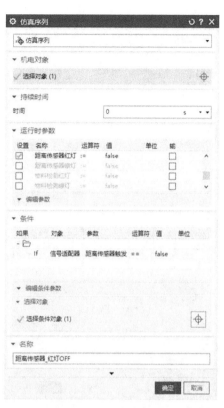

图 7-36　仿真序列（18）

图 7-37　仿真序列（19）

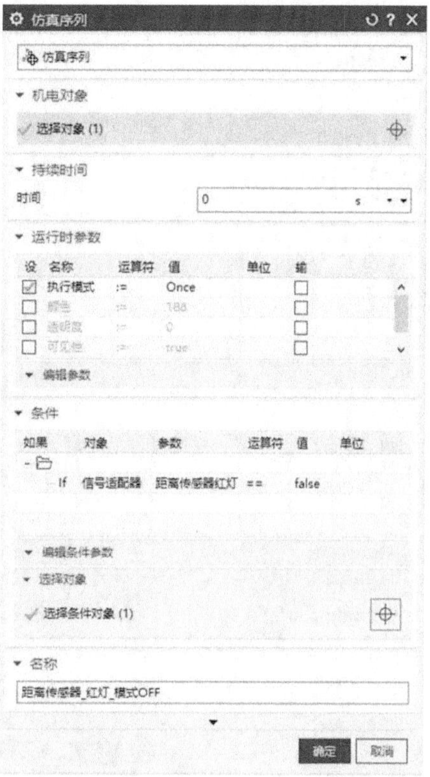

图 7-38　仿真序列（20）

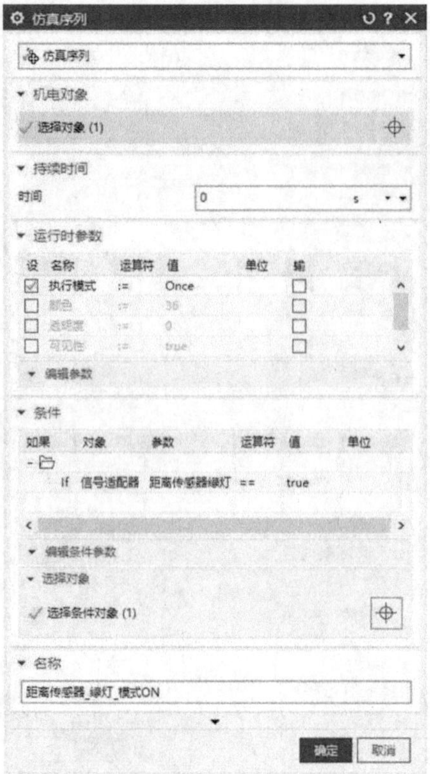

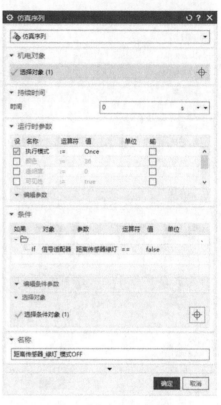

图 7-39　仿真序列（21）

图 7-40　仿真序列（22）

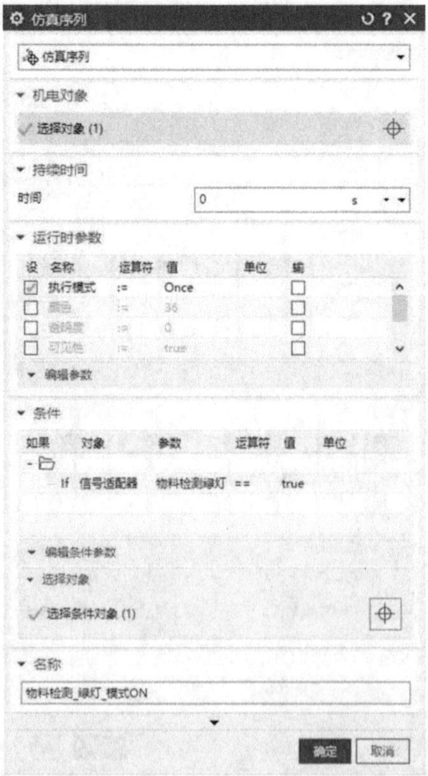

图 7-41　仿真序列（23）

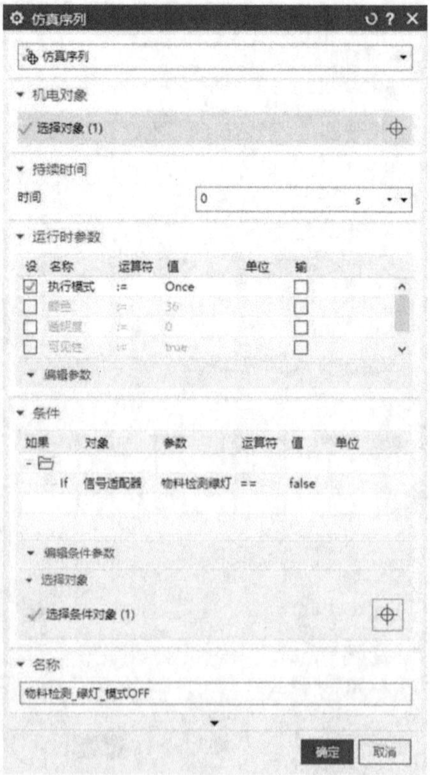

图 7-42　仿真序列（24）

图 7-43　仿真序列（25）　　　　　　　图 7-44　仿真序列（26）

4）对完成的仿真序列进行链接，链接关系如图 7-45 所示。

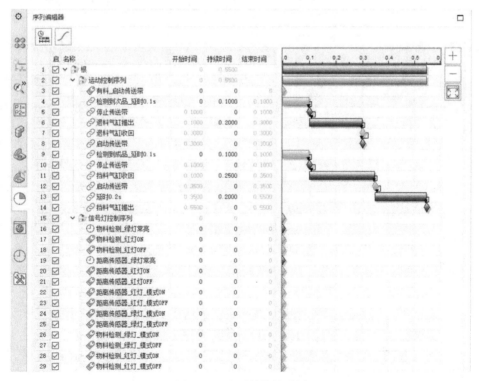

图 7-45　序列链接关系图

5）完成仿真序列设置后，单击"播放"按钮运行仿真，手动选择"对象源"添加物料，观察仿真运行效果，如图 7-46 所示。

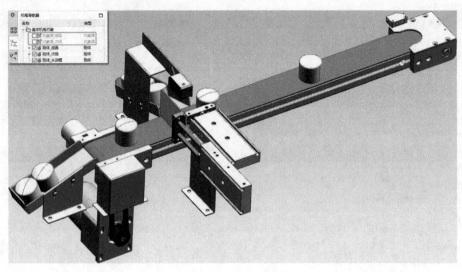

图 7-46　仿真运行效果

第8章　虚拟调试协同连接

本章主要介绍 NX MCD 中集成的外部控制命令与虚拟调试的分类和实现方法。

外部控制命令包含了外部信号配置命令和信号映射命令，主要功能是配置外部控制器信号与外部信号通信。8.1 和 8.2 节主要是 NX MCD 的"外部信号配置"命令和"信号映射"命令的使用方法及对话框参数解释。

虚拟调试（Visual Commissioning，VC）是基于 MCD 的一种解决方案，如图 8-1 所示。使用 MCD 可以对机器的机械和电气部件进行建模和仿真，能够验证物理作用力对运动物体的影响，完成数字化样机的调试，有效降低机器实际调试的风险和工作量以及加快设备的研发时间。虚拟调试分为软件在环调试（Software-in-the-Loop，SiL）和硬件在环调试（Hardware-in-the-Loop，HiL）两类，8.3 和 8.4 节详细介绍这两类虚拟调试和实现方法。

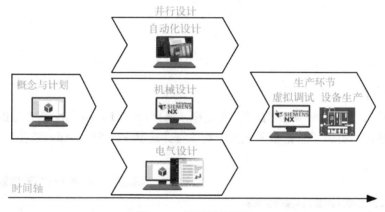

图 8-1　虚拟调试流程

8.1　外部信号配置

任务目标　掌握外部信号配置的性质和"外部信号配置"命令的使用。

1. 外部信号配置的概念

"外部信号配置（External Signal Configuration）"命令能够建立不同的协议类型，以便配置外部信号实现协同仿真。支持的协议类型包括：MATLAB、OPC DA、OPC UA、PLCSIM Adv、PROFINET、SHM、TCP、UDP、Create MyVirtual Machine、FMU。

本节主要介绍 OPC UA 和 PLCSIM Adv 两种协议类型的配置方法。

（1）OPC UA　OPC UA（Unified Architecture，统一架构）是新一代的 OPC 协议标准，通过提供一个完整的、安全和可靠的跨平台的架构，以获取实时和历史数据及时间。作为数字孪生（Digital Twin）的核心部分，OPC 基金会负责该标准的开发和维护。

（2）PLCSIM Adv　即 PLCSIM Advanced，是西门子推出的高级仿真器，能够实现更多、更强的功能，比 PLCSIM 多了仿真通信的功能，是虚拟调试中的核心组成部分。

2. 创建外部信号配置

打开"外部信号配置"对话框的方式介绍如下：

在机电概念设计环境中单击"主页"选项卡→"自动化"命令组中最右侧的更多选项箭头→"外部信号配置"，如图 8-2 所示。

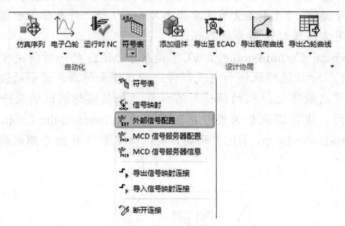

图 8-2　打开"外部信号配置"对话框方式

3. 信号适配器参数含义

如图 8-3 所示，打开"外部信号配置"对话框，选择 OPC UA 选项卡，各参数的含义见表 8-1。

如图 8-4 所示，打开"外部信号配置"对话框，选择 PLCSIM Adv 选项卡，各参数的含义见表 8-2。

图 8-3　"外部信号配置"对话框-OPC UA　　　图 8-4　"外部信号配置"对话框-PLCSIM Adv

表 8-1　外部信号配置（OPC UA）参数含义

序号	参数名称		含义
1	服务器信息	⚑添加新服务器	添加 MCD 用于访问 OPC UA 服务器端点的网络地址，可以使用默认端口 (opc.tcp://)，手动指定新端口和节点名称 注意：首次添加服务器或更改证书时，会打开"新建应用程序实例证书"对话框，如图 8-5 所示，参数含义见表 8-3
2		↻刷新服务器状态	刷新所选 OPC UA 服务器的状态
3		🔍打开证书位置	浏览并选择安全证书以启用受密码保护的外部软件的接口
4		服务器信息表	从可用 OPC UA 服务器和端点的列表中选择 OPC UA 服务器 表中的"状态"列显示连接的用户的授权状态
5	订阅	⚑创建订阅列表	创建订阅并将其添加到订阅列表表中
6		订阅列表	控制优先处理哪些时间敏感信号。使用以下内容编辑订阅 名称：编辑名称 间隔时间：设置信号的采样率。要获得最快发布间隔，可将其设置为零 寿命数：设置不接收响应的最大允许连续发布周期数。如果超过此数量，则订阅将关闭。必须将此值设置为至少是"持续活动数"的三倍 持续活动数：设置没有通知要报告给客户端的连续发布周期所需的最小数量。如果满足此数量，则会发送发布请求以通知客户端订阅仍处于活动状态 优先级：设置发送信号的顺序。对于更重要的信号，设置更高的优先级值
7	时间设置	更新时间	指定每次通信传输之间的时间间隔。默认值在更新时间客户默认值中指定
8	标记	查找	在文本框中输入文本搜索标记表，可以使用"大小写匹配"和"匹配整词"选项来优化搜索
9		显示访问类型	根据选择的内存访问类型过滤标记表
10		显示数据类型	根据发送的数据类型过滤标记表
11		全选	选中，则选择标记表中的所有标记
12		"标记"列表	显示服务器中可用的信号并选择要映射的信号。在以下列中显示标签信息 名称：显示标记的名称，包括标记的路径 数据类型：显示数据类型，例如，Bool、Byte、Word、DWord、Dint、Real 和 LReal IO 类型：将标记标识为输入或输出
13	📄从文件导入 OPC UA 标记		导入 .csv 文件中定义的标记
14	📄将 OPC UA 标记导出文件		将选定的标记导出到 .csv 文件

表 8-2　外部信号配置（PLCSIM Adv）参数含义

序号	参数名称		含义
1	实例	⚑添加实例	选择 PLCSIM Adv V2.0 或更新版本的实例
2		↻刷新实例状态	刷新所选实例的连接状态
3		✕删除实例	删除选定的实例
4		实例列表	显示从 PLCSIM Adv 管理器检索的所有已注册 PLC 实例，并选择要使用的实例
5	实例信息	更新选项	搜索特定的标记 区域：指定要搜索的标记类型 仅 HMI 可见：选中，则过滤对 HMI 可见标记的搜索 数据块过滤器：仅从用户定义的数据块中搜索标记。如果未指定，将搜索所有数据块标记
6		更新标记	更新特定实例并在标记列表中显示标记信息
7		标记	对标记进行操作 过滤：根据选择的过滤类型，过滤标记列表中显示的标记 查找：在文本框中输入文本搜索标记列表，可以使用"大小写匹配"和"匹配整词"选项来优化搜索 全选：选择标记列表中的所有标记 标记表：显示属于实例列表中选择的 PLC 实例的标记 📄将已检查的标记导出至文件：将选定标记导出到 .csv 文件 📄按选定文件中列出的标记名称自动检查标记：将所选标记与所选 .csv 文件中的标记进行比较

（续）

序号	参数名称		含义
8	同步	循环列表	设置用于将 MCD 信号与 PLCSIM Adv 信号同步以及在冻结模式下运行 PLCSIM Adv 的属性。当 PLCSIM Adv 在冻结模式下运行时，MCD 会比较仿真时间，并在一个程序的信号比另一个程序快时延迟该程序 No Syn：MCD 不与 PLCSIM Adv 同步，而是为每个 MCD 模拟步骤交换数据 OB1/PIP1~PIP31/Servo：MCD 与选定的循环对象同步并根据 Step Facto 交换数据
9		步进因子	指定在刷新信号之间运行的 MCD 仿真步骤数

图 8-5 "新建应用程序实例证书"对话框

表 8-3 "新建应用程序实例证书"对话框参数含义

序号	参数名称		含义
1		公用名	标识证书的名称
2		组织	标识负责证书的组织
3	主题	组织部门	标识负责证书的部门
4		地点	标识证书使用的位置
5		省/市/自治区	标识证书使用的省/市/自治区
6		国家/地区	指定标识证书使用国家/地区的两字母代码，中国的代码为 CN
7	OPC UA 信息	域名	✛ 添加新域名：将域名添加到域名列表中。默认情况下，添加本地计算机或系统名称。要编辑域名，可双击该按钮并输入新域名 域名列表：显示证书允许的域名

（续）

序号	参数名称		含义
8		IP 地址	添加新 IP 地址：将 IP 地址添加到 IP 地址列表 IP 地址列表：显示证书允许的 IP 地址，默认为 127.0.0.1
10	证书设置	RSA 密钥强度	选择模数中的位数以设置证书的密钥强度
		签名算法	为证书选择安全哈希算法（SHA）变体
11		证书有效期	设置服务器证书有效期的持续时间

8.2 信号映射

任务目标 掌握信号映射的性质和"信号映射"命令的使用。

1．信号映射的概念

"信号映射（Signal Mapping）"命令可以映射或取消映射 MCD 信号与外部信号，能够自由选择要在 MCD 中控制的信号以及要从外部控制的信号。

2．创建信号映射

打开"信号映射"对话框的方式介绍如下。

在机电概念设计环境中单击"主页"选项卡→"自动化"命令组中最右侧的更多选项箭头→"信号映射"，如图 8-6 所示。

3．信号适配器参数含义

如图 8-7 所示，打开"信号映射"对话框，各参数的含义见表 8-4。

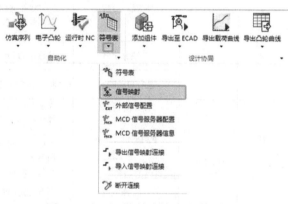

图 8-6 打开"信号映射"对话框方式

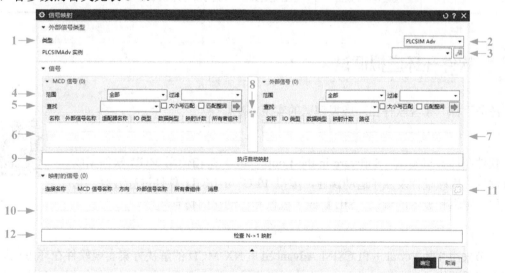

图 8-7 "信号映射"对话框

表 8-4　信号映射参数含义

序号	参数名称		含义
1	外部信号类型	类型	选择要映射的信号类型
2		所选类型的实例选择列表	根据所选外部信号类型的不同，出现对应的名称和选择列表
3		设置	打开"外部信号配置"对话框并创建新的配置
4	信号	范围	根据所选范围选择信号
5		查找	根据在文本框中输入的文本以及"大小写匹配"和"匹配整词"选项设置，搜索 MCD 信号或外部信号
6		MCD 信号列表	显示可用的 MCD 信号和以下信息 名称：在 MCD 创建时指定的信号名称 适配器名称：封装信号的信号适配器的名称 IO 类型：输入或输出信号 数据类型：信号的数据类型 映射计数：MCD 信号被映射的次数 所有者组件：保存信号配置的 MCD 组件
7		外部信号列表	显示可用信号类型的外部信号和以下信息 名称：外部信号配置中指定的信号名称 IO 类型：输入或输出信号 数据类型：信号的数据类型 映射计数：外部信号被映射的次数
8		⌨ 映射信号	将选定的 MCD 信号映射到选定的外部信号
9		执行自动映射	将具有相同名称的 MCD 信号和外部信号进行自动映射
10	映射的信号	映射的信号列表	显示 MCD 信号和外部信号之间建立的连接和以下信息 连接名称：允许设置输入和输出之间的连接名称，但重命名连接不会重命名它包含的信号 方向：识别映射信号的输入和输出 所有者组件：显示保存信号配置的 MCD 组件 消息：查看验证错误消息
11		⌨ 断开	断开选定的映射信号连接
12		检查 N -> 1 映射	验证是否只有一个信号映射到 MCD 输入信号

8.3　软件在环虚拟调试

任务目标　掌握软件在环虚拟调试的实现方法。

1. 软件在环虚拟调试的概念

软件在环虚拟调试（Software-in-the-Loop，SiL）是指使用 MCD 软件完成虚拟设备的机械设计及赋予运动属性，虚拟 PLC 与 MCD 软件进行通信，完成对程序逻辑和设备的调试。SiL 集成了机械和自动化的仿真环境。

8.3　软件在环虚拟调试

2. 实现方法描述

本节采用 TIA Portal + PLCSIM Advanced + NX MCD 的解决方案实现软件在环虚拟调试，此方案基于严格的 PLCSIM Advanced 的同步总线，为虚拟调试提供稳定的模拟。解决方案示意图如图 8-8 所示。

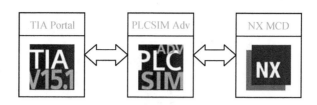

图 8-8　TIA Portal + PLCSIM Advanced + NX MCD 解决方案

案例所使用的软件各版本如下：

1）TIA Portal V15.1。

2）PLCSIM Advanced V2.0 SP1。

3）NX 1969。

3. 实现步骤

使用 TIA Portal + PLCSIM Advanced + NX MCD 的解决方案实现软件在环虚拟调试，分为三部分，分别是 NX MCD 配置、PLC 组态以及程序编写、PLCSIM Adv 信号连接。

（1）NX MCD 配置

1）打开"#软件在环虚拟调试 练习.prt"，对启动按钮、停止按钮、电动机进行刚体设置，如图 8-9 所示。

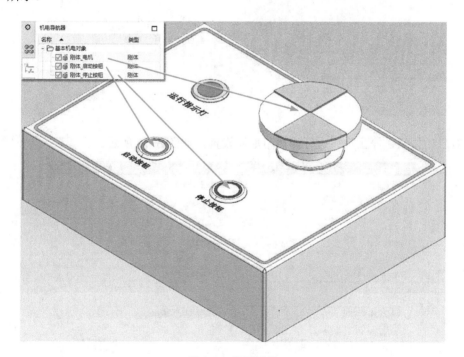

图 8-9　设置刚体

2）对启动按钮、停止按钮进行滑动副设置，对电动机进行铰链副设置，矢量方向均为"Z 轴负方向"，如图 8-10 所示。

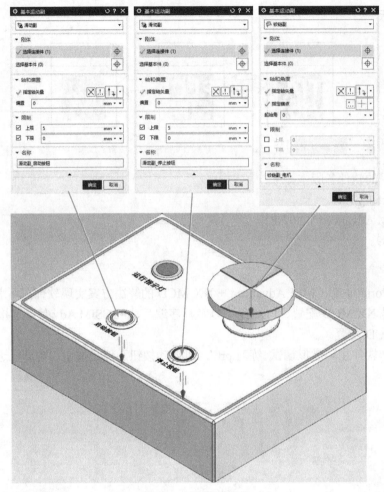

图 8-10　设置运动副

3）对启动按钮、停止按钮进行弹簧阻尼器设置，如图 8-11 所示。

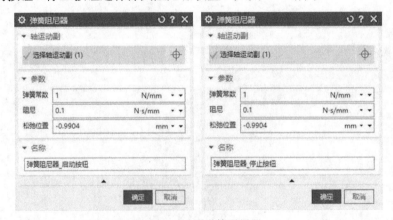

图 8-11　设置弹簧阻尼器

4）对电动机进行速度控制设置，如图 8-12 所示。

5）对运行指示灯进行显示更改器设置，如图 8-13 所示。

图 8-12　设置速度控制　　　　　　　　　图 8-13　设置显示更改器

6）创建信号适配器，对机电对象进行信号公式编写，完成信号配置，如图 8-14 所示。

图 8-14　创建信号适配器

7）对运行指示灯的执行模式添加仿真序列，减少内存占用，如图 8-15 所示。

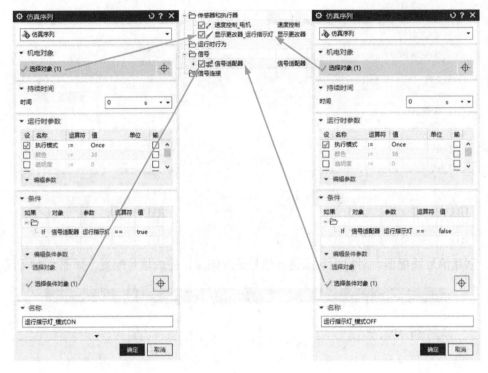

图 8-15　添加仿真序列

（2）PLC 组态以及程序编写

1）打开 TIA Portal，创建新项目。可以根据需求修改项目名称和保存路径，如图 8-16 所示。

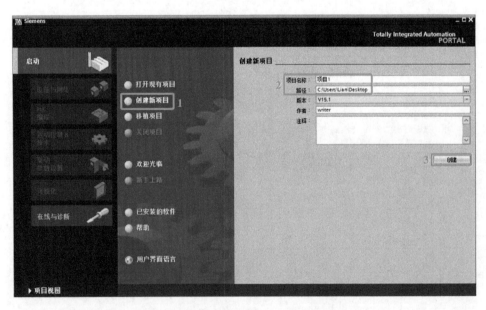

图 8-16　创建新项目

2）打开项目视图，如图 8-17 所示。

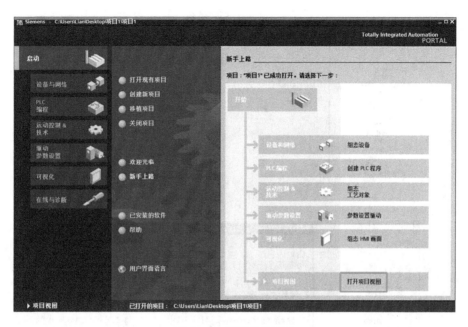

图 8-17 打开项目视图

3）添加新设备。注意要添加 S7-1500 系列的 PLC，S7-1200 不支持 PLCSIM Adv 仿真，如图 8-18 所示。

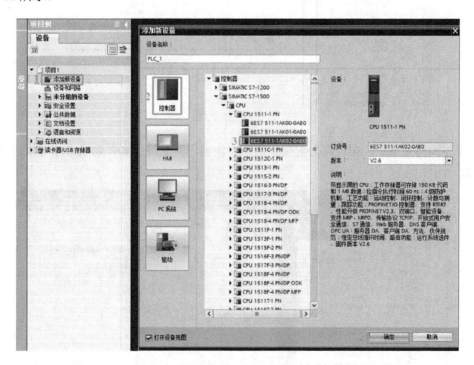

图 8-18 添加新设备

4）双击"默认变量表"，在默认变量表中添加 I/O 变量，如图 8-19 所示。

5）双击"Main[OB1]"，在 Main 程序中编写起保停程序，如图 8-20 所示。

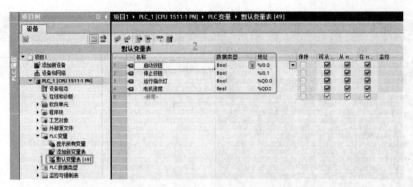

图 8-19　添加变量

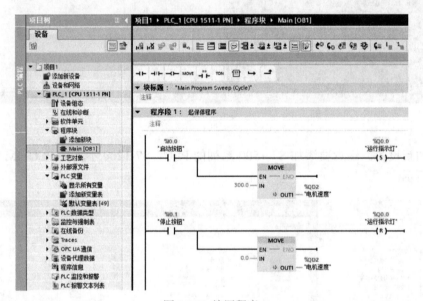

图 8-20　编写程序

6）程序编写完成后，在仿真之前需要选中"块编译时支持仿真"选项，才可以进行仿真，如图 8-21 所示。

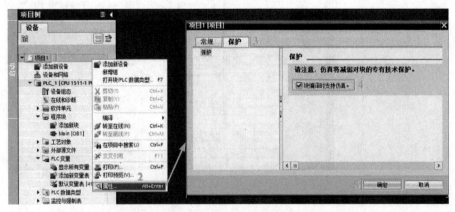

图 8-21　选中"块编译时支持仿真"选项

（3）PLCSIM Adv 信号连接

1）打开 PLCSIM Advanced，模式选择 PLCSIM，实例名称自行设置（不能为中文，至少需要三个字符），PLC 类型选择"Unspecified CPU 1500"，完成后单击 Start 按钮启动虚拟 PLC，如图 8-22 所示。

图 8-22　启动虚拟 PLC

2）成功启动，PLC 显示黄灯，表示 PLC 为 Stop 状态，如图 8-23 所示。

图 8-23　Stop 状态

3）虚拟 PLC 启动成功后，即可进行程序下载，选中 PLC 项目，然后单击 按钮下载，如图 8-24 所示。

图 8-24　下载程序

4）单击"装载"按钮，将"无动作"修改为"启动模块"，单击"完成"按钮，如图 8-25 所示。

5）PLCSIM Adv 添加的虚拟 PLC 此时变为绿灯，表示程序已经成功下载进虚拟 PLC 中，PLC 为 Run 状态，如图 8-26 所示。

图 8-25 完成下载

6）打开"外部信号配置"对话框，选中 PLCSIM Adv，"实例"列表中会显示之前添加的虚拟 PLC "S7-1500"。选中该实例，单击"更新标记"，"实例信息"中的"区域"选择"IOM"，"标记"列表中会出现 PLC 的变量，选中"全选"，单击"确定"按钮，如图 8-27 所示。

图 8-26 Run 状态   图 8-27 外部信号配置

7）打开"信号映射"对话框，"类型"选择"PLCSIM Adv"，实例选择对应设置的虚拟PLC，此处为"S7-1500"。如果 MCD 信号和外部信号（PLC 变量）的名称完全一致的话，单击"执行自动映射"，即可完成自动映射。如果名字不一致，则需要手动选择，然后单击 MCD 信号列表与外部信号列表中间的"信号映射" 按钮。信号全部映射完成后单击"确定"按钮，如图 8-28 所示。

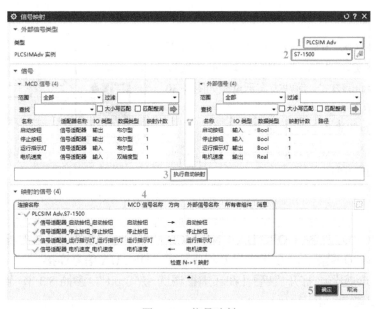

图 8-28　信号映射

8）单击"播放"按钮运行仿真，按下"启动"按钮，观察到运行指示灯常亮，电动机以300°/s 的速度转动，如图 8-29 所示。

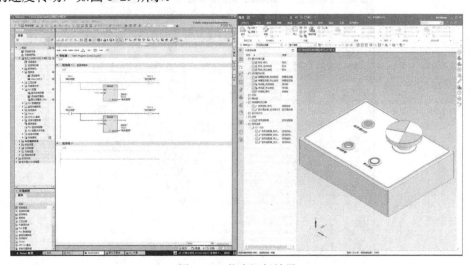

图 8-29　仿真运行效果

8.4　硬件在环虚拟调试

任务目标　掌握硬件在环虚拟调试的实现方法。

1．硬件在环虚拟调试的概念

硬件在环虚拟调试（Hardware-in-the-Loop，HiL）是指将 PLC 程序下载到真实的 PLC 设备中，在 MCD 软件完成虚拟设备的机械设计及赋予运动属性后，真实 PLC 设备和 MCD 软件通过共有协议进行通信，完成对程序逻辑和设备的调试。

8.4 硬件在环虚拟调试

2．实现方法描述

本节采用 S7-1500 PLC 设备 + OPC UA + NX MCD 的解决方案实现硬件在环虚拟调试，此方案以 OPC UA 协议作为通信方式。解决方案示意图如图 8-30 所示。

案例所使用的软硬件各版本如下：

1）S7-1500 PLC（型号：CPU 1511 PN，订货号：6ES7 511AK02-0AB0）。

2）NX 1969。

图 8-30　S7-1500 PLC + OPC UA + NX MCD 解决方案

3．实现步骤

使用 S7-1500 PLC 设备 + OPC UA + NX MCD 的解决方案实现硬件在环虚拟调试，分为三步，分别是 NX MCD 配置、PLC 组态以及程序编写、OPC UA 信号连接。

（1）NX MCD 配置　打开"#硬件在环虚拟调试 练习.prt"，参照 8.3 节 软件在环虚拟调试完成 NX MCD 配置。

（2）PLC 组态以及程序编写

1）创建一个新项目，添加 PLC 和 HMI，再将两者连接，如图 8-31～图 8-33 所示。

图 8-31　添加 PLC

2）右键单击 PLC 项目，在快捷菜单中单击"属性"，在"常规"中单击"OPC UA"，选中"激活 OPC UA 服务器"，单击"确定"按钮，更改安全策略，添加运行系统许可证，如图 8-34～图 8-36 所示。

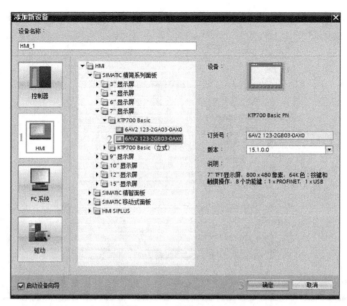

图 8-32 添加 HMI

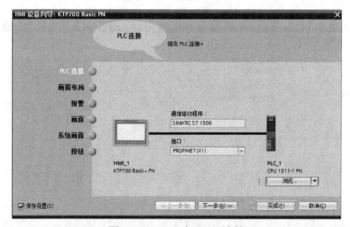

图 8-33 HMI 与 PLC 连接

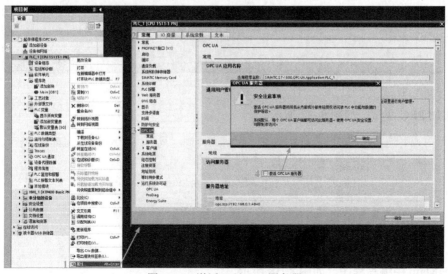

图 8-34 激活 OPC UA 服务器

图 8-35　更改安全策略

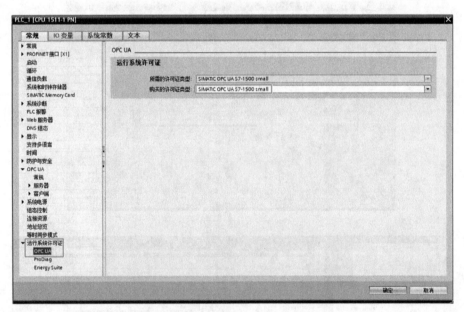

图 8-36　添加运行系统许可证

3）添加 PLC 变量，如图 8-37 所示。

图 8-37　添加变量

4）在 Main 中编写程序，如图 8-38 所示。

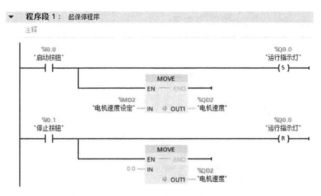

图 8-38　编写程序

5）HMI 根界面绘制，如图 8-39 所示。

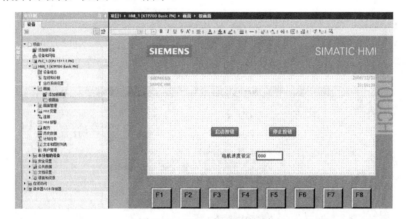

图 8-39　HMI 根界面绘制

6）下载前需要将 PC 端的 IP 地址和 PLC 的 IP 地址修改在同一网段中，如图 8-40、图 8-41 所示。

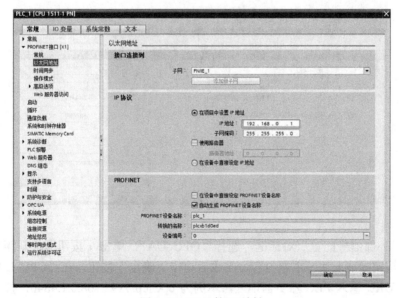

图 8-40　PLC 的 IP 地址

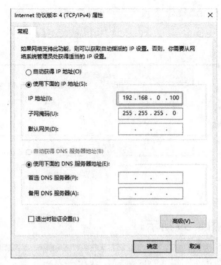

图 8-41　PC 端的 IP 地址

7）下载 PLC 程序和 HMI 的界面，如图 8-42、图 8-43 所示。

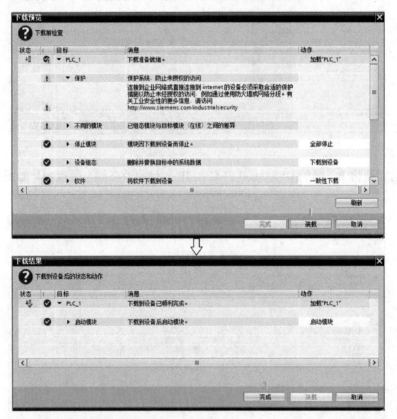

图 8-42　下载 PLC

8）打开"外部信号配置"对话框，选择"OPC UA"，单击 按钮添加新服务器。在弹出的实例证书中按实际情况填写主题内容，完成后单击"确定"按钮。在"OPC UA 服务器"对话框中，端点 URL 输入 PLC 服务器地址，本例为 opc.tcp://192.168.0.1:4840，按〈Enter〉键，单击"None‑None"，再单击"确定"按钮，如图 8-44、图 8-45 所示。

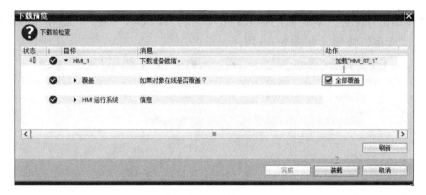

图 8-43 下载 HMI

图 8-44 实例证书设置

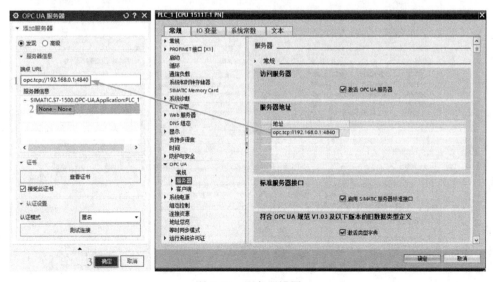

图 8-45 服务器设置

9）在"外部信号配置"对话框的参数列表中，将"PLC_1"展开，选中 Input 和 Output 中的变量，单击"确定"按钮，如图 8-46 所示。

图 8-46　外部信号配置

10）打开"信号映射"对话框，"类型"选择"OPC UA"，服务器选择对应的服务器地址，单击"执行自动映射"，完成后单击"确定"按钮，如图 8-47 所示。

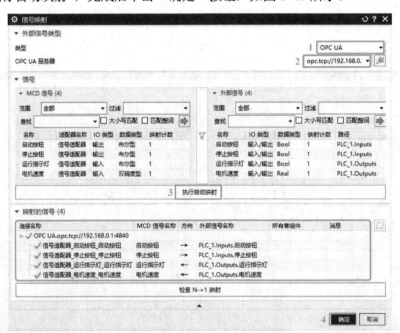

图 8-47　信号映射

11）单击"播放"按钮运行仿真，在触摸屏的"电机速度"文本框输入"300"，按下触摸屏的启动按钮或者 MCD 中的启动按钮，观察到运行指示灯常亮，电机以 300°/s 的速度转动，如图 8-48、图 8-49 所示。

图 8-48　HMI 操作界面

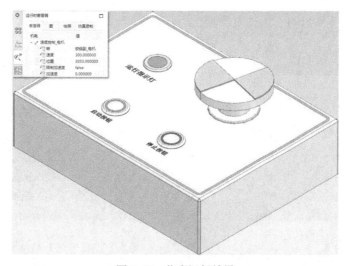

图 8-49　仿真运行效果

12）本例中硬件设备 PLC 没有 I/O 模块，因此 HMI 的信号可以用 Digital Input 和 Digital Output，如果硬件设备 PLC 组态了 I/O 模块，此时 HMI 的信号应使用中间寄存器，并且 MCD 外部信号配置不需要关联 Input 变量。

第二篇 NX MCD 实训篇

本篇主要介绍 NX MCD 的提升内容，围绕 GPC500H 竞赛设备展开，对 GPC500H 竞赛设备进行机电概念设计。本篇分为四个实训任务，第 9 章～第 11 章是 GPC500H 竞赛设备的三个单元的 NX MCD 仿真与调试及综合实训，第 12 章是虚拟调试的模拟竞赛实训。

<table>
<tr><td>第9章</td><td>控制面板单元仿真与
调试实训</td></tr>
</table>

控制面板是每台自动化设备都会存在的部分，在工业上应用广泛，其作用是控制设备与监控设备状态等。控制面板单元是指 GPC500H 竞赛设备的控制面板。控制面板单元模型如图 9-1 所示。

图 9-1　控制面板单元模型

控制面板单元主要由点动开关、转换开关、急停开关和指示灯等组成，其作用是对设备发送操控指令和监控指示灯状态。根据 NX MCD 的设计方式不同可将上述器件分为四类。

（1）点动开关　含启动、停止、复位。

（2）指示灯　含绿灯、红灯、黄灯。

（3）转换开关　含手动/自动。

（4）特殊开关　含急停。

在工业生产应用中，这四类器件使用广泛，非常典型，本实训共有六个任务，分别为：

9.1　点动开关的设置与信号

9.2　指示灯的设置与信号

9.3　转换开关的设置与信号

9.4　急停开关的设置与信号

9.5　点动开关与指示灯的虚拟调试

9.6　控制面板单元仿真与调试综合实训

9.1　点动开关的设置与信号

9.1　点动开关的
设置与信号

任务目标　掌握点动开关的 NX MCD 设置与信号产生。

点动开关为按压式开关，动作表现为按下后能够反弹复位，按下时其常开触头闭合产生接通信号。下面以启动按钮为例，实施机电概念设计。

1. 设置基本机电对象

设置刚体。打开"刚体"对话框，"选择对象"设置为启动按钮实体，其他参数默认，命名为"刚体_启动按钮"。操作过程如图9-2所示。

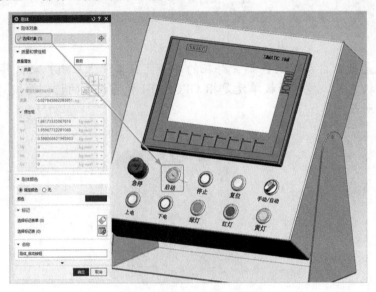

图9-2 设置启动按钮刚体

2. 设置运动副和约束

（1）设置滑动副 打开"基本运动副"对话框，选择"滑动副"。连接件设置为"刚体_启动按钮"，轴矢量选择"自动判断"，选择按钮的表面确定轴矢量方向，"上限"设置为 0，"下限"设置为-3，其他参数默认，命名为"滑动副_启动按钮"。操作过程如图9-3所示。

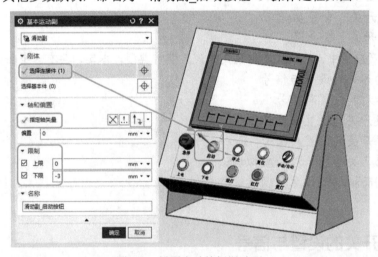

图9-3 设置启动按钮滑动副

（2）设置弹簧阻尼器 打开"弹簧阻尼器"对话框，"轴运动副"设置为"滑动副_启动按钮"，"弹簧常数"设置为1，"阻尼"设置为0.1，"松弛位置"设置为0.54，命名为"弹簧阻尼器_启动按钮"。操作过程如图9-4所示。

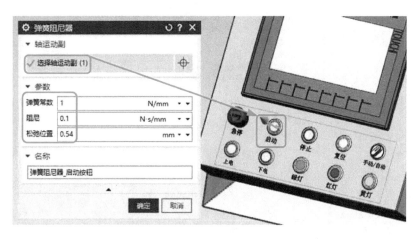

图 9-4　设置启动按钮弹簧阻尼器

3. 创建信号适配器与信号

打开"信号适配器"对话框，"选择机电对象"为"滑动副_启动按钮"；"参数名称"选择"位置"；添加参数，命名为"启动按钮位置"；添加信号，命名为"启动按钮"；选中"启动按钮"信号，下面出现对应的公式，然后进入公式编辑；将信号适配器命名为"控制信号"，完成后单击"确定"按钮；在弹出的"将信号名称添加到符号表"对话框中单击"取消"按钮，完成整个信号适配器创建。操作过程如图 9-5、图 9-6 所示。

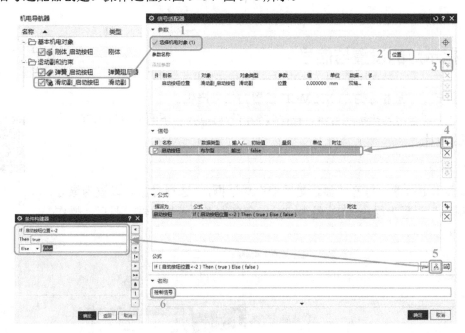

图 9-5　创建信号适配器

4. 仿真验证及运行时察看器

在播放状态下，单击需要监控的机电对象或信号，即可通过运行时察看器进行监控，如图 9-7 所示。

图 9-6 弹出窗口

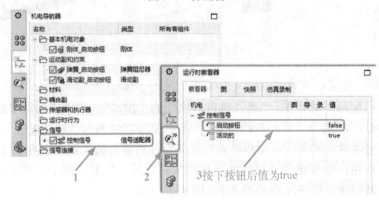

3 按下按钮后值为 true

图 9-7 运行时察看器

9.2 指示灯的设置与信号

任务目标 掌握指示灯的 NX MCD 设置与信号产生。

指示灯主要作用为指示或警示，在接收到信号后点亮，下面以绿灯为例，实施机电概念设计。

9.2 指示灯的设置与信号

1. 设置执行器

设置显示更改器。打开"显示更改器"对话框，"选择对象"设置为绿灯实体，"颜色"设置为绿色（ID 号为 36），命名为"显示更改器_绿灯"。操作过程如图 9-8 所示。

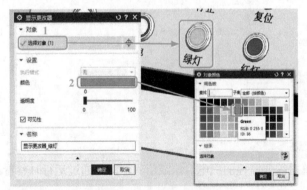

图 9-8 设置绿灯

2．创建信号适配器与信号

打开"信号适配器"对话框，添加参数和信号，并指派信号公式。操作过程如图 9-9 所示。

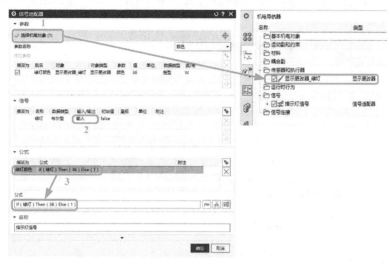

图 9-9　创建信号适配器

3．设置仿真序列

打开"仿真序列"对话框，"选择对象"设置为"显示更改器_绿灯"；选中"执行模式"，其"值"选择 Once；"选择条件对象"设置为信号适配器中的"指示灯信号"；条件的"参数"选择"绿灯"，"值"选择 true；将仿真序列命名为"绿灯 ON"，完成后单击"确定"按钮。操作过程如图 9-10 所示。

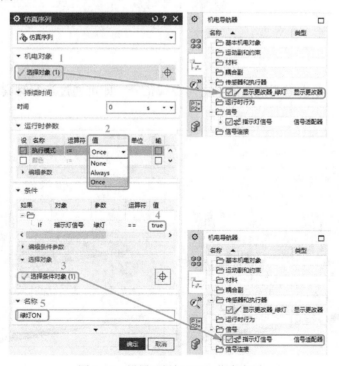

图 9-10　设置"绿灯 ON"仿真序列

创建第二个仿真序列。"选择对象"设置为"显示更改器_绿灯"；选中"执行模式"，其"值"选择 Once；"选择条件对象"设置为信号适配器中的"指示灯信号"；条件的"参数"选择"绿灯"，"值"选择 false；将仿真序列命名为"绿灯 OFF"，完成后单击"确定"按钮。操作过程如图 9-11 所示。

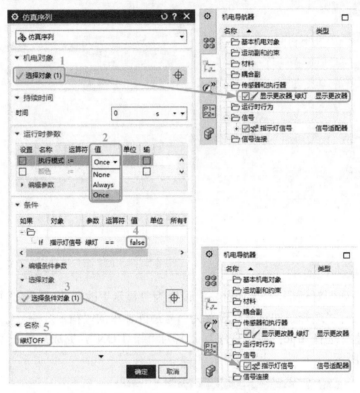

图 9-11　设置"绿灯 OFF"仿真序列

4. 仿真验证及运行时察看器

在播放状态下，单击需要监控的机电对象或信号，即可通过运行时察看器进行监控，如图 9-12 所示。

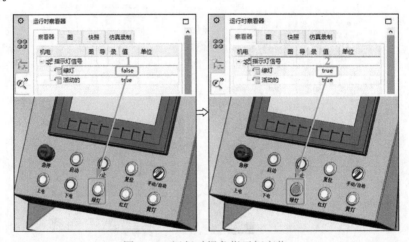

图 9-12　运行时绿色指示灯变化

9.3 转换开关的设置与信号

任务目标 掌握转换开关的 NX MCD 设置与信号产生。

转换开关通过旋转切换信号状态，当转换开关旋转到位后，其常开触头将闭合。下面以手动/自动开关为例，实施机电概念设计。

9.3 转换开关的设置与信号

1. 设置基本机电对象

设置刚体。打开"刚体"对话框，"选择对象"为转换开关实体，其他参数默认，命名为"刚体_转换开关"。操作过程如图 9-13 所示。

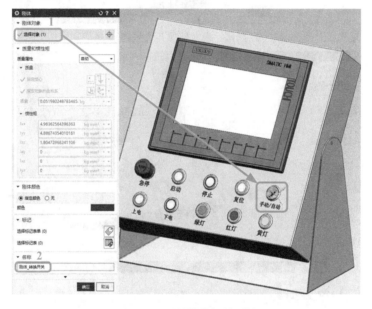

图 9-13 设置转换开关刚体

2. 设置运动副和约束

（1）设置铰链副 打开"基本运动副"对话框，选择"铰链副"。连接件设置为"刚体_转换开关"，轴矢量选择"自动判断"，选择开关表面确定轴矢量方向，锚点选择转换开关圆心位置，"上限"设置为 75，"下限"设置为 0，其他参数默认，命名为"铰链副_转换开关"。操作过程如图 9-14 所示。

（2）设置弹簧阻尼器 打开"弹簧阻尼器"对话框，"轴运动副"设置为"铰链副_转换开关"，"弹簧常数"设置为 0，"阻尼"设置为 0.5，"松弛位置"设置为 0，命名为"弹簧阻尼器_转换开关"。操作过程如图 9-15 所示。

3. 设置信号

打开"信号适配器"对话框，添加参数和信号，并指派信号公式。操作过程如图 9-16 所示。

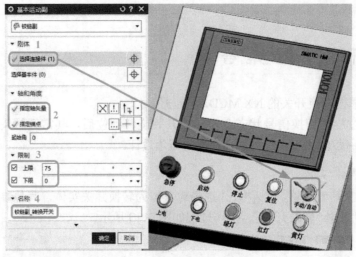

图 9-14　设置转换开关铰链副

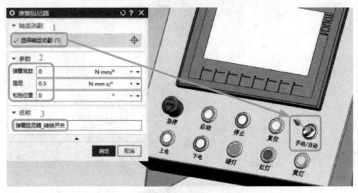

图 9-15　设置转换开关弹簧阻尼器

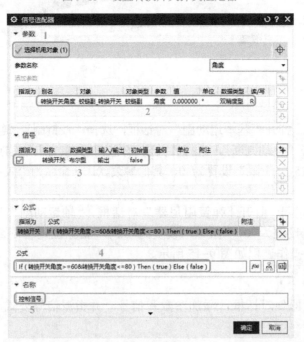

图 9-16　创建信号适配器

4. 仿真验证及运行时察看器

在播放状态下,单击需要监控的机电对象或信号,即可通过运行时察看器进行监控,如图 9-17 所示。

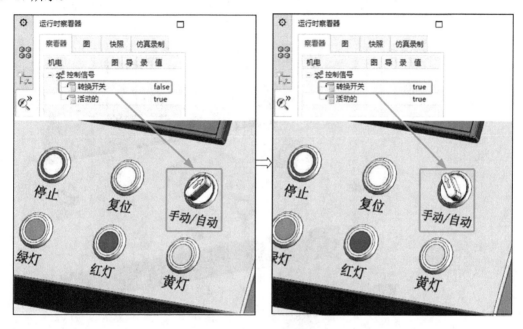

图 9-17 运行时察看器

9.4 急停开关的设置与信号

任务目标 掌握急停开关的 NX MCD 设置与信号产生。

急停开关通过按压或旋转来切换信号状态,按钮处于原位时是接通状态,按下时是断开状态。下面以急停开关为例,实施机电概念设计。

9.4 急停开关的设置与信号

1. 设置基本机电对象

设置刚体。打开"刚体"对话框,"选择对象"设置为急停开关实体,其他参数默认,命名为"刚体_急停开关"。操作过程如图 9-18 所示。

2. 设置运动副和约束

(1)设置柱面副 打开"基本运动副"对话框,选择"柱面副"。连接件设置为"刚体_急停开关",轴矢量选择"自动判断",选择开关表面确定轴矢量方向,锚点选择按钮圆心位置,"线性上限"设置为 0,"线性下限"设置为-2,"角度上限"设置为 0,"角度下限"设置为-80,其他参数默认,命名为"柱面副_急停开关"。操作过程如图 9-19 所示。

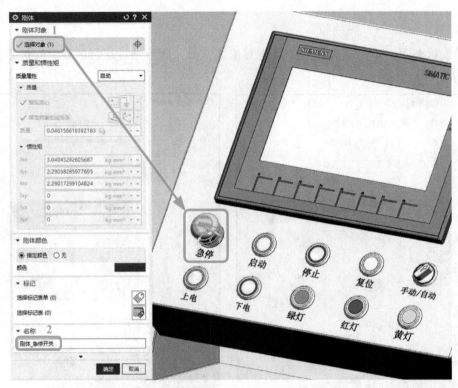

图 9-18　设置急停开关刚体

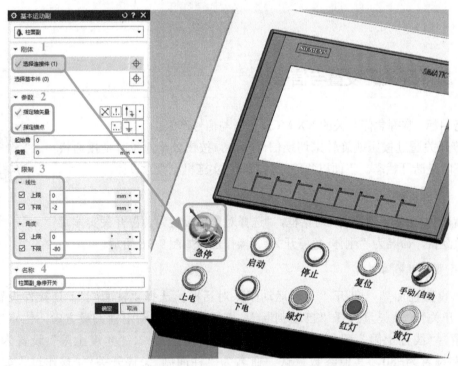

图 9-19　设置急停开关柱面副

（2）设置弹簧阻尼器

1）设置线性弹簧阻尼器。打开"弹簧阻尼器"对话框，"轴运动副"设置为"柱面副_急停开关"，"轴类型"选择"线性"，"弹簧常数"设置为 1，"阻尼"设置为 0.1，"松弛位置"设置为 0.534，命名为"弹簧阻尼器_急停开关线性"。操作过程如图 9-20 所示。

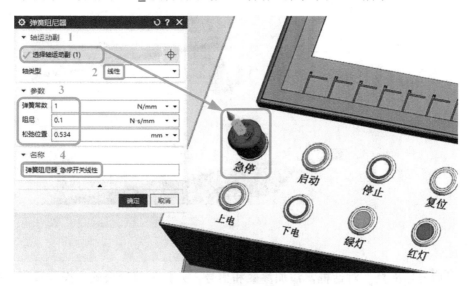

图 9-20　设置急停开关线性弹簧阻尼器

　　2）设置角度弹簧阻尼器。打开"弹簧阻尼器"对话框，"轴运动副"设置为"柱面副_急停开关"，"轴类型"选择"角度"，"弹簧常数"设置为 1，"阻尼"设置为 0.1，"松弛位置"设置为 0，命名为"弹簧阻尼器_急停开关角度"。操作过程如图 9-21 所示。

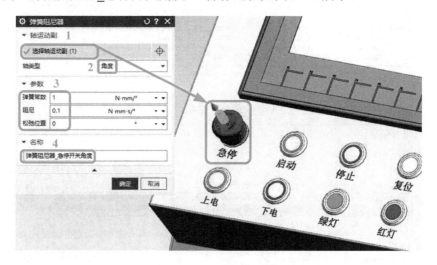

图 9-21　设置急停开关角度弹簧阻尼器

3．设置执行器

　　设置位置控制。打开"位置控制"对话框，"机电对象"设置为"柱面副_急停开关"，"轴类型"选择"线性"，"目标"设置为-2，"速度"设置为 15，命名为"位置控制_急停开关线性"。操作过程如图 9-22 所示。

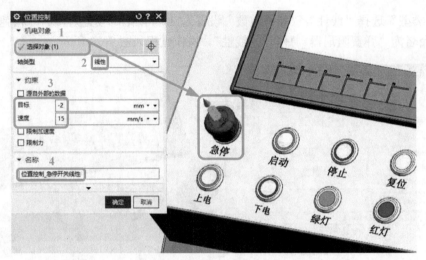

图 9-22　设置急停开关位置控制

4. 设置信号

打开"信号适配器"对话框，添加参数和信号，并指派信号公式。操作过程如图 9-23 所示。

图 9-23　创建信号适配器

5. 仿真验证及运行时察看器

在播放状态下，单击需要监控的机电对象或信号，即可通过运行时察看器进行监控，如

图 9-24 所示。

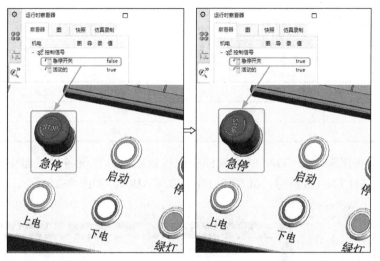

图 9-24　运行时察看器

9.5　点动开关与指示灯的虚拟调试

任务目标　掌握 NX MCD 与 PLCSIM Advanced 的点动开关与指示灯的虚拟调试。

启动 PLCSIM Advanced 并运行，按下 NX MCD 的启动按钮，信号传送至 PLCSIM Advanced，执行程序让红灯信号输出，NX MCD 中的红灯高亮显示。

9.5　点动开关与
指示灯虚拟调试

1．机电概念设计

完成模型中的启动按钮和红灯机电概念设计，完成示意图如图 9-25 所示。

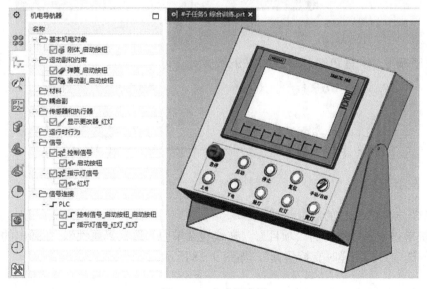

图 9-25　完成示意图

2．PLC 控制程序编写

（1）控制要求　按下启动按钮，红灯亮；松开启动按钮，红灯灭。

（2）PLC 变量定义　I/O 分配表见表 9-1。

表 9-1　I/O 分配表

输入变量		输出变量	
地址	名称	地址	名称
I0.0	启动按钮	Q0.0	红灯

（3）PLC 设备组态　在 TIA 博途软件中创建新项目。在设备导航器中单击"添加新设备"，选择 CPU 1511 PN（订货号：6ES7 511-1AK02-0AB0），如图 9-26 所示。

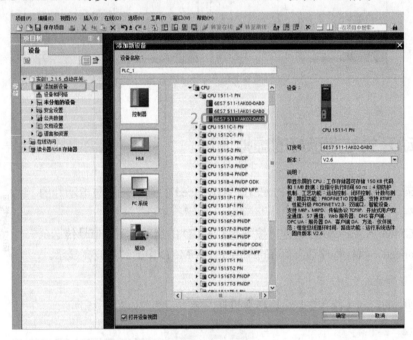

图 9-26　组态设备

（4）程序编写　编写 PLC 程序，如图 9-27 所示。

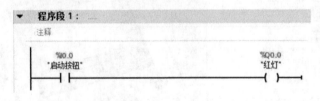

图 9-27　PLC 程序

（5）PLC 与 NX MCD 的虚拟调试

1）右键单击设备导航器的"项目"，（在快捷菜单中）选择"属性"。在弹出的对话框中选择"保护"，选中"块编译时支持仿真"，如图 9-28 所示。

图 9-28　激活"块编译时支持仿真"

2）打开 PLCSIM Advanced 创建虚拟 PLC。在 Instance name 中输入 PLC 名称，需注意 PLC 名称不允许为中文。在 PLC type 中选择"Unspecified CPU 1500"，完成后单击 Start 按钮。下方空白出现黄灯常亮和 IP 地址为 192.168.0.1 的 PLC 即为创建成功。操作过程如图 9-29 所示。

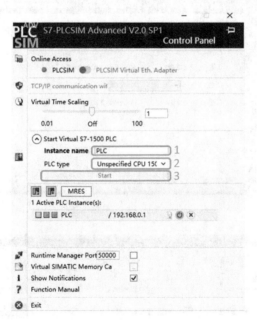

图 9-29　创建虚拟 PLC

　　若是出现虚拟 PLC 状态灯闪烁或 PLC 为灰色状态等异常问题，可单击下方"Virtual SIMATIC Memory Ca"按钮，在弹出的文件夹窗口中将其中的文件全部删除，重新创建虚拟 PLC。操作如图 9-30 所示。

　　3）将 PLC 程序下载进虚拟 PLC 中，如图 9-31、图 9-32 所示。

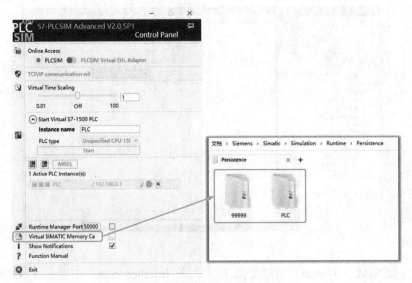

图 9-30　异常问题处理方法

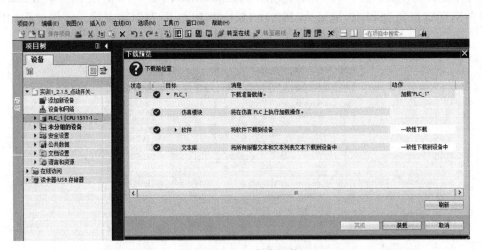

图 9-31　PLC 程序下载

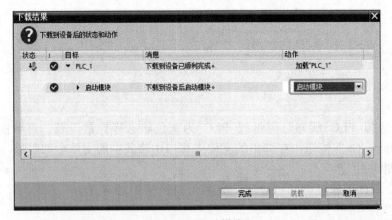

图 9-32　启动模块

4）NX MCD 外部信号配置。打开"外部信号配置"对话框，选择 PLCSIM Adv，单击"添加实例"按钮⬚，选择 PLC。添加 PLC 实例完成，在"区域"中选择 IOMDB，单击"更新标记"，在下方选择需要连接的变量，完成外部信号配置，如图 9-33、图 9-34 所示。

图 9-33　添加 PLC 实例

图 9-34　选择变量

5）NX MCD 信号映射。打开"信号映射"对话框，"类型"选择 PLCSIM Adv，"PLCSIM

Adv 实例"选择对应的 PLC，在"MCD 信号"和"外部信号"选项组分别单击对应变量后，单击中间的按钮建立连接，如图 9-35 所示（小提示：若是 MCD 信号名称与 PLC 变量名称完全对应相同，可以单击下方的"执行自动映射"，即可自动映射信号）。

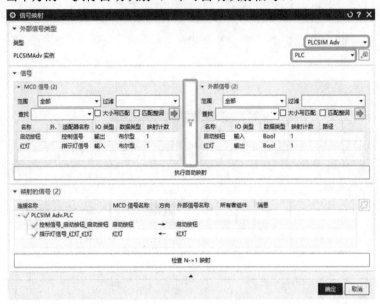

图 9-35　信号映射

6) 运行 NX MCD 仿真，如图 9-36 所示。

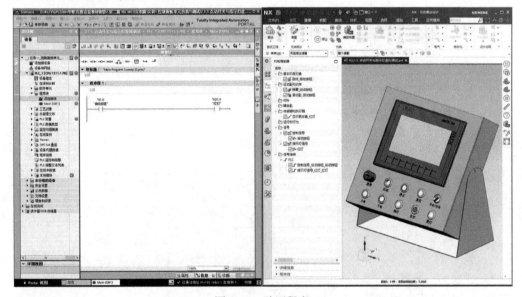

图 9-36　验证程序

9.6　控制面板单元仿真与调试综合实训

任务目标　掌握控制面板单元 NX MCD 设计与虚拟调试的应用。

1. 任务要求

对控制面板单元进行 NX MCD 设计与 TIA 博途编程，实现以下控制工艺要求的虚拟调试。

（1）自动功能　将手动/自动转换开关打在自动档位，自动功能生效，此时手动功能失效。

1）按下启动按钮，系统启动，红灯、绿灯、黄灯依次亮 3s。此为一个周期，循环三个周期，系统停机。

2）运行过程中，按下停止按钮，系统完成当前周期后停机；在自然停止状态下，按启动按钮，系统可以启动。

3）运行过程中，按下急停按钮，系统立刻停机，此时按启动按钮，系统无法启动。

4）松开急停按钮，按下复位按钮，系统复位；此时按启动按钮，系统启动。

（2）手动功能　将手动/自动转换开关打在手动档位，手动功能生效。按下启动按钮，红、绿、黄灯点亮；按下停止按钮，红、绿、黄灯熄灭。

2. PLC 程序 I/O 分配表

PLC 程序 I/O 分配表见表 9-2。

表 9-2　I/O 分配表

输入变量		输出变量	
地址	名称	地址	名称
I0.0	启动按钮	Q0.0	绿灯
I0.1	停止按钮	Q0.1	红灯
I0.2	急停开关	Q0.2	黄灯
I0.3	复位按钮		
I0.4	转换开关		

第10章　出料和传送单元仿真与调试实训

出料和传送单元是 GPC500H 竞赛设备的组成部分，其作用是物料的上料、出料、传送，以及物料的姿态检测与材质颜色的判别。出料和传送单元模型如图 10-1 所示。

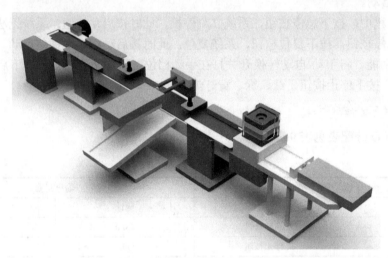

图 10-1　出料和传送单元模型

在工业生产中，出料部分是生产线的起点，而传送部分则是连接不同工作站的干线，这两部分在工业中极其常见。

出料和传送单元主要由出料气缸、退料气缸、传送带以及各类传感器等组成，根据功能和 NX MCD 的设计方式不同可将上述器件分为四类。

（1）出料气缸　含出料气缸、气缸前/后限位。

（2）料仓　含黑色金属电动机盖、白色金属电动机盖、白色塑料电动机盖、反向金属电动机盖、料筒、料仓有料传感器。

（3）传送带　含传送带、姿态识别传感器、材质识别传感器、颜色识别传感器、传送带限位传感器。

（4）退料气缸　含退料气缸、气缸前/后限位、退料收集槽。

本实训共有六个任务，分别为：

10.1　出料气缸的设置与信号

10.2　料仓的设置与信号

10.3　传送带的设置与信号

10.4　退料气缸的设置与信号

10.5　出料气缸和传送带虚拟调试

10.6　出料和传送单元仿真与调试综合实训

10.1 出料气缸的设置与信号

任务目标　掌握出料气缸的 NX MCD 设置与信号产生。

出料气缸由气缸以及气缸的限位组成，其作用为推出电动机盖物料，通过布尔量信号控制气缸的伸出与缩回，下面对出料气缸实施机电概念设计。

10.1　出料气缸的设置与信号

1. 设置基本机电对象

（1）设置刚体　打开"刚体"对话框，"选择对象"设置为出料气缸实体，其他参数默认，命名为"刚体_出料气缸"。操作过程如图 10-2 所示。

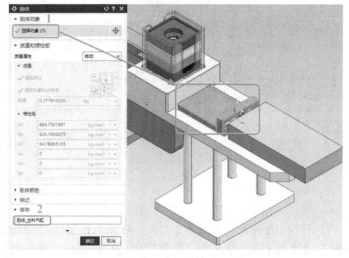

图 10-2　设置出料气缸刚体

（2）设置碰撞体　打开"碰撞体"对话框，"选择对象"设置为出料气缸推料方块的三个表面，"碰撞形状"选择"方块"，其他参数默认，命名为"碰撞体_出料气缸"。操作过程如图 10-3 所示。

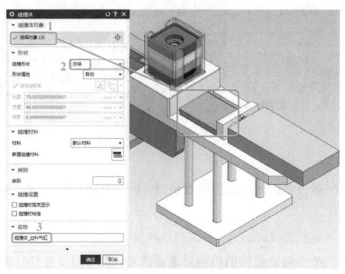

图 10-3　设置出料气缸碰撞体

2．设置运动副和约束

设置滑动副。打开"基本运动副"对话框，选择"滑动副"。连接件设置为"刚体_出料气缸"，轴矢量选择"X 轴正方向"，其他参数默认，命名为"滑动副_出料气缸"。操作过程如图 10-4 所示。

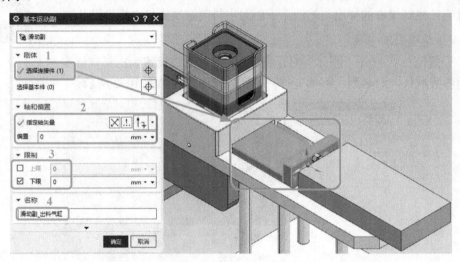

图 10-4　设置出料气缸滑动副

3．设置执行器

设置位置控制。打开"位置控制"对话框，"机电对象"设置为"滑动副_出料气缸"，"目标"设置为 0，"速度"设置为 150，命名为"位置控制_出料气缸"。操作过程如图 10-5 所示。

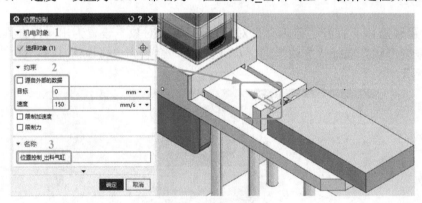

图 10-5　设置出料气缸位置控制

4．设置信号

打开"信号适配器"对话框，添加参数和信号，并指派信号公式。操作过程如图 10-6 所示。

5．仿真验证及运行时察看器

在播放状态下，单击需要监控的机电对象或信号，即可通过运行时察看器进行监控，如图 10-7 所示。

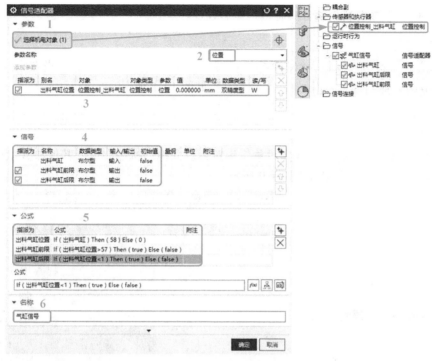

图 10-6　创建信号适配器

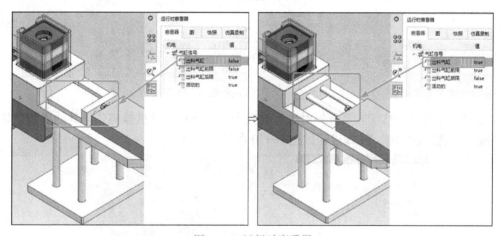

图 10-7　运行时察看器

10.2　料仓的设置与信号

任务目标　掌握料仓部分的 NX MCD 设置与信号产生。

料仓部分由黑色金属电动机盖、白色金属电动机盖、白色塑料电动机盖、反向金属电动机盖、料筒和料仓有料传感器等组成。在 NX MCD 中，对于不同材质的物料，在设置碰撞体时分配不同的碰撞类别，即可通过碰撞传感器分辨出不同的物料。在此任务中，可将白色塑料电动机盖碰撞体类别设置为 3，白色金属电动机盖碰撞体类别设置为 5，黑色金属电动机盖碰撞

10.2　料仓的设置与信号

体类别设置为 7。下面对料仓部分实施机电概念设计。

1. 设置碰撞材料

打开"碰撞材料"对话框，"动摩擦"设置为 0.1，"滚动摩擦系数"设置为 0，"恢复系数"设置为 0.01，命名为"光滑材料"。操作过程如图 10-8 所示。

2. 设置基本机电对象

（1）设置刚体

1）打开"刚体"对话框，"选择对象"设置为反向电动机盖实体，其他参数默认，命名为"刚体_反向电机盖"。操作过程如图 10-9 所示。

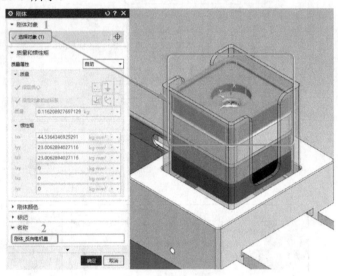

图 10-8　设置碰撞材料　　　　　　　　　　图 10-9　设置反向电动机盖刚体

2）打开"刚体"对话框，"选择对象"设置为白色塑料电动机盖实体，其他参数默认，命名为"刚体_白塑电机盖"。操作过程如图 10-10 所示。

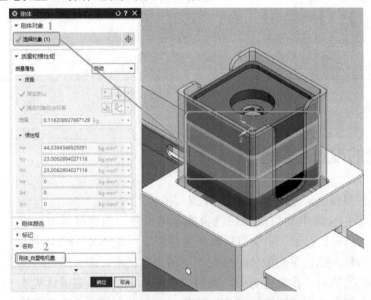

图 10-10　设置白色塑料电动机盖刚体

3）打开"刚体"对话框，"选择对象"设置为白色金属电动机盖实体，其他参数默认，命名为"刚体_白金电机盖"。操作过程如图 10-11 所示。

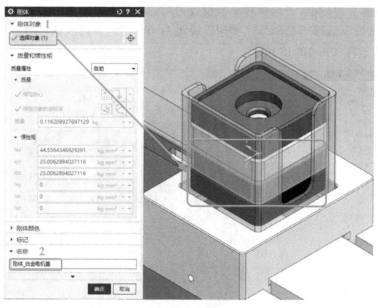

图 10-11　设置白色金属电动机盖刚体

4）打开"刚体"对话框，"选择对象"设置为黑色金属电动机盖实体，其他参数默认，命名为"刚体_黑金电机盖"。操作过程如图 10-12 所示。

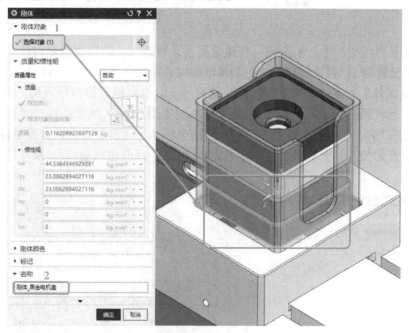

图 10-12　设置黑色金属电动机盖刚体

（2）设置碰撞体　电动机盖在放料的过程中，有可能是反向放置，也有可能是正向放置，下文将针对这两种放置方式进行详述。

1）反向电动机盖碰撞体设置。为了能够让反向电动机盖物料堆垛在料仓内，其顶边需设置碰撞类别为 0 的碰撞体，并且为了体现电动机盖的颜色、材质属性，还需将反向电动机盖的上下表面设置为不同碰撞类别的碰撞体。

打开"碰撞体"对话框，"选择对象"设置为反向电动机盖的上下表面，"碰撞形状"选择"方块"，"形状属性"选择"自动"，"类别"设置为 0，其他参数默认，命名为"碰撞体_反向电机盖1"。操作过程如图 10-13 所示。

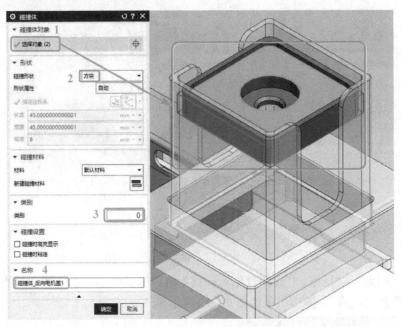

图 10-13　设置反向电动机盖碰撞体 1

若该物料是白色塑料电动机盖则可将碰撞类别设置为 3；若该物料是白色金属电动机盖则可将碰撞类别设置为 5；若该物料是黑色金属电动机盖则可将碰撞类别设置为 7。

打开"碰撞体"对话框，"选择对象"设置为反向电动机盖的内壁表面，"碰撞形状"选择"方块"，"形状属性"选择"自动"，碰撞体范围如图 10-14 所示；再将"形状属性"选择为"用户定义"，单击"指定坐标系"，将 Y 轴的坐标减 1（偏移方向以世界坐标系为参考），碰撞体高度设置为 2，其他参数默认，命名为"碰撞体_反向电机盖 2"。操作过程如图 10-15 所示。

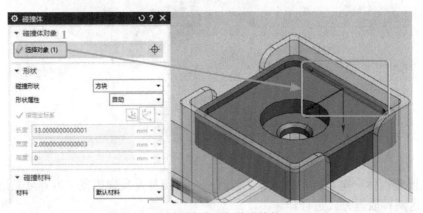

图 10-14　设置反向电动机盖碰撞体 2（1）

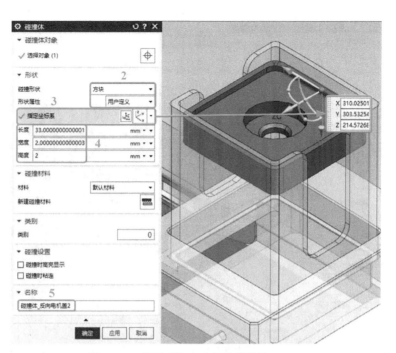

图 10-15　设置反向电动机盖碰撞体 2（2）

以相同的方式分别设置反向电动机盖另外三边的碰撞体，并分别命名为"碰撞体_反向电机盖 3""碰撞体_反向电机盖 4"和"碰撞体_反向电机盖 5"。操作过程如图 10-16～图 10-18所示。

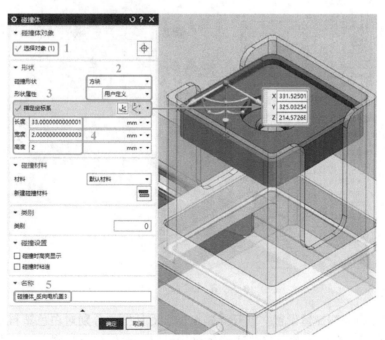

图 10-16　设置反向电动机盖碰撞体 3

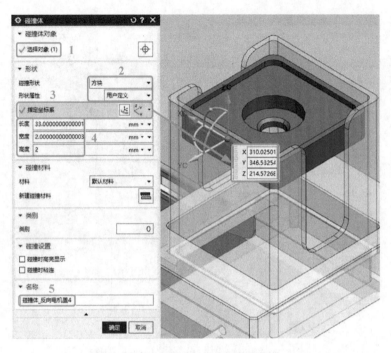

图 10-17 设置反向电动机盖碰撞体 4

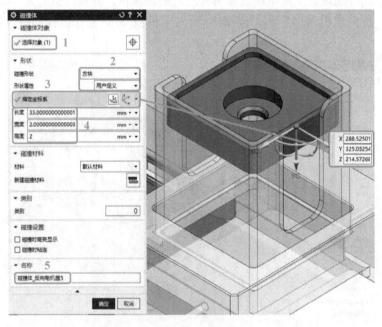

图 10-18 设置反向电动机盖碰撞体 5

2）正向电动机盖碰撞体设置。打开"碰撞体"对话框，分别对白色塑料电动机盖、白色金属电动机盖和黑色金属电动机盖的碰撞体进行设置，操作和参数同上。不同的是白色塑料电动机盖、白色金属电动机盖和黑色金属电动机盖的上下表面碰撞体类别分别是 3、5、7。操作过程如图 10-19～图 10-21 所示。

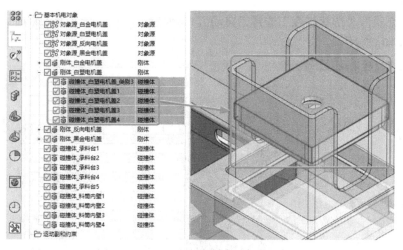

图 10-19　设置白色塑料电动机盖碰撞体

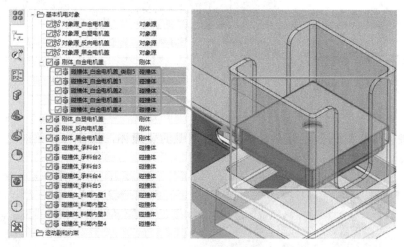

图 10-20　设置白色金属电动机盖碰撞体

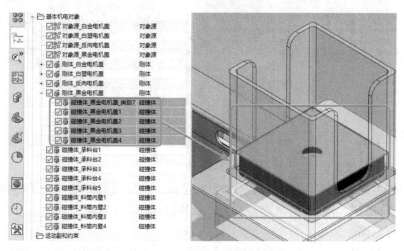

图 10-21　设置黑色金属电动机盖碰撞体

3）承料台碰撞体设置。打开"碰撞体"对话框，"选择对象"设置为承料台的底板，"碰撞形状"选择"方块"，"形状属性"选择"自动"，其他参数默认，命名为"碰撞体_承料台 1"。操作过程如图 10-22 所示。

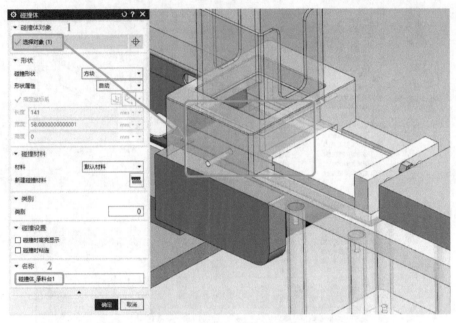

图 10-22　设置承料台碰撞体 1

打开"碰撞体"对话框，分别设置承料台四壁的碰撞体，操作和参数同上。操作过程如图 10-23 所示。

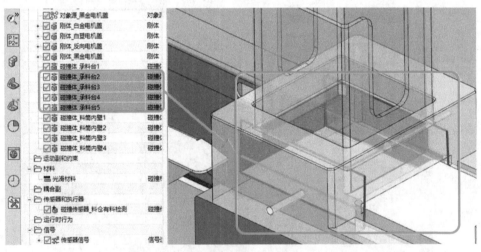

图 10-23　设置承料台四壁碰撞体

4）料筒的碰撞体设置。打开"碰撞体"对话框，分别设置料筒四壁的碰撞体，"碰撞材料"选择"光滑材料"，其他操作和参数同上。操作过程如图 10-24 所示。

（3）设置对象源

1）打开"对象源"对话框，"选择对象"设置为"刚体_反向电机盖"，触发模式选择"每次激活时一次"，命名为"对象源_反向电机盖"。操作过程如图 10-25 所示。

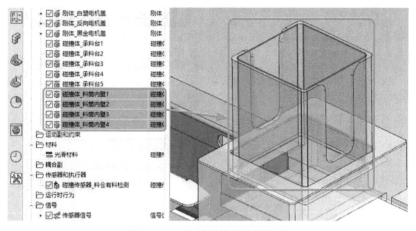

图 10-24　设置料筒四壁碰撞体

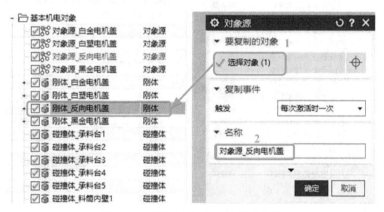

图 10-25　设置反向电动机盖对象源

2）打开"对象源"对话框，"选择对象"设置为"刚体_白塑电机盖"，触发模式选择"每次激活时一次"，命名为"对象源_白塑电机盖"。操作过程如图 10-26 所示。

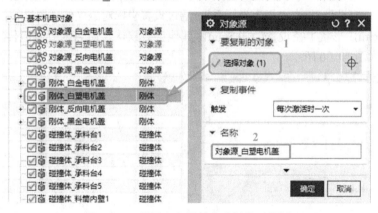

图 10-26　设置白色塑料电动机盖对象源

3）打开"对象源"对话框，"选择对象"设置为"刚体_白金电机盖"，触发模式选择"每次激活时一次"，命名为"对象源_白金电机盖"。操作过程如图 10-27 所示。

4）打开"对象源"对话框，"选择对象"设置为"刚体_黑金电机盖"，触发模式选择"每次激活时一次"，命名为"对象源_黑金电机盖"。操作过程如图 10-28 所示。

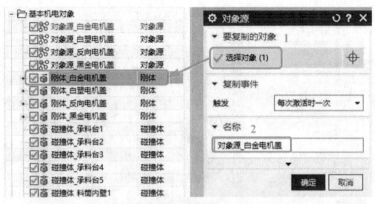

图 10-27　设置白色金属电动机盖对象源

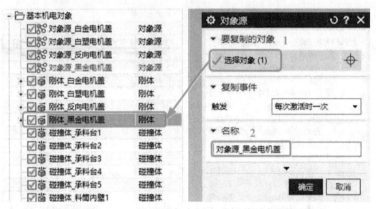

图 10-28　设置黑色金属电动机盖对象源

3. 设置传感器

　　设置碰撞传感器。打开"碰撞传感器"对话框，"选择对象"设置为料仓有料传感器实体，"碰撞形状"选择"圆柱"，"形状属性"选择"自动"，碰撞体范围如图 10-29 所示；再将"形状属性"选择为"用户定义"，单击"指定坐标系"，通过设置坐标对碰撞传感器进行位置的调整，形状高度设置为 10mm，形状半径设置为 0.5mm，其他参数默认，命名为"碰撞传感器_料仓有料检测"。操作过程如图 10-30 所示。

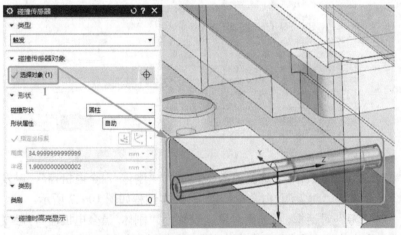

图 10-29　设置料仓有料检测碰撞传感器（1）

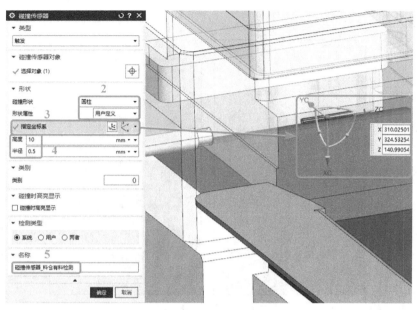

图 10-30　设置料仓有料检测碰撞传感器（2）

4．设置信号

打开"信号适配器"对话框，添加参数和信号，并指派信号公式。操作过程如图 10-31 所示。

图 10-31　创建信号适配器

5．仿真验证及运行时察看器

在播放状态下，单击需要监控的机电对象或信号，即可通过运行时察看器进行监控，如

图 10-32 所示。

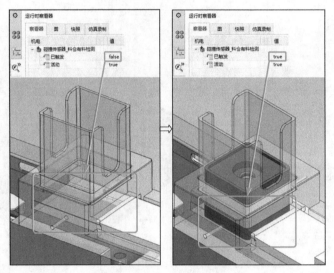

图 10-32 运行时察看器

10.3 传送带的设置与信号

任务目标 掌握传送带部分的 NX MCD 设置与信号产生。

传送带部分由传送带、姿态识别传感器、材质识别传感器、颜色识别传感器、传送带限位传感器组成，其中姿态识别传感器是通过检测物料通过时产生的脉冲次数判别物料正反面，当脉冲次数为 1 时，物料为正向放置；当脉冲次数为 2 时，物料为反向放置。材质识别传感器由两个碰撞传感器组成，分别是检测类别 5 和检测类别 7 的碰撞传感器；颜色识别传感器由两个碰撞传感器组成，分别是检测类别 3 和检测类别 5 的碰撞传感器。

10.3 传送带的设置与信号

在 GPC500H 竞赛设备中，传送带由 G120 变频器控制，所以传送带的控制需结合实际设备 G120 变频器的通信报文 1 对 NX MCD 进行机电概念设计。

G120 变频器报文 1 的结构，包括控制字和状态字，报文 1 结构见表 10-1。

表 10-1 报文 1 结构

报文类型 P922	报文结构	
	过程数据	
	PZD1	PZD2
报文 1 PZD2/2	控制字（STW1）	转速设定值（NSOLL_A）
	状态字（ZSW1）	转速实际值（NIST_A）

注：PZD 即过程数据，变频器通过"PZD 数据"，接收控制指令和上级控制器的设定值或发送状态消息和实际值。

在实际变频器设备中，控制变频器分为控制字（STW1）和转速设定值（NSOLL_A），其中控制字是指控制变频器的运行状态（停止、正转、反转），转速设定值则是指控制变频器的运行频率。在控制变频器前，首先需要发送一个 16#047E 到变频器，使变频器处于就绪状态，然后再控制变频器的启停。常用的控制字如下。

（1）停止控制字　16#047E。

（2）启动正转控制字　16#047F。

（3）启动反转控制字　16#0C7F。

以启动正转控制字为例说明报文 1 控制字含义见表 10-2。

表 10-2　报文 1 控制字含义

控制字位	数值	含义 报文 1	参数设置	047F 正转启动（举例）	高低字节
0	0	OFF1 停车（P1121 斜坡）	P840=r2090.0	1	F
0	1	启动	P840=r2090.0	1	F
1	0	OFF2 停车（惯性停车）	P844=r2090.1	1	F
2	0	OFF3 停车（P1135 斜坡）	P848=r2090.2	1	F
3	0	脉冲禁止	P852=r2090.3	1	F
3	1	脉冲使能	P852=r2090.3	1	F
4	0	斜坡函数发生器禁止	P1140=r2090.4	1	低
4	1	斜坡函数发生器使能	P1140=r2090.4	1	低
5	0	斜坡函数发生器冻结	P1141=r2090.5	1	7
5	1	斜坡函数发生器开始	P1141=r2090.5	1	7
6	0	设定值禁止	P1142=r2090.6	1	7
6	1	设定值使能	P1142=r2090.6	1	7
7	1	上升沿故障复位	P2103=r2090.7	0	
8		未用		0	
9		未用		0	4
10	0	不由 PLC 控制（过程值被冻结）	P854=r2090.10	1	4
10	1	由 PLC 控制（过程值有效）	P854=r2090.10	1	4
11	1	设定值反向	P1113=r2090.11	0	高
12		未用		0	
13	1	MOP 升速	P1035=r2090.13	0	0
14	1	MOP 降速	P1036=r2090.14	0	0
15	1	未使用	P810=r2090.15	0	

转速设定值的数据长度为 1 个字，最高位为符号位，因此变频器可接收十进制数 0～16384，其转速设定值对应 0～50Hz。

在 PLC 程序编写时常常需要进行数据换算，以更方便进行变频器控制，其公式为

$$转速设定值 = \frac{设定频率}{50} \times 16384$$

下面对传送带部分实施机电概念设计。

1. 设置碰撞材料

打开"碰撞材料"对话框，"动摩擦"设置为 0.1，"滚动摩擦系数"设置为 0，"恢复系数"设置为 0.01，命名为"光滑材料"。操作过程如图 10-33 所示。

2. 设置基本机电对象

1）设置碰撞体。打开"碰撞体"对话框，"选择对象"设置为传送带的表面，"碰撞形状"选择"方块"，"形状属性"选择"自动"，其他参数默认，命名为"碰撞体_传送带"。操作过程如图 10-34 所示。

图 10-33　设置碰撞材料　　　　　　　　图 10-34　设置传送带碰撞体

2）打开"碰撞体"对话框，"选择对象"设置为传送带末端的挡板表面，"碰撞形状"选择"方块"，"形状属性"选择"自动"，其他参数默认，命名为"碰撞体_挡板"。操作过程如图 10-35 所示。

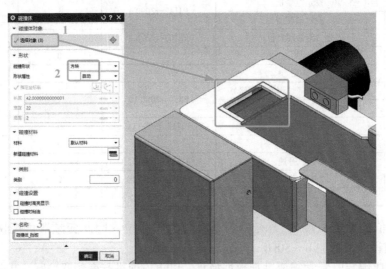

图 10-35　设置挡板碰撞体 1

3）打开"碰撞体"对话框，分别对其他的导向板进行碰撞体设置，"碰撞材料"选择"光滑材料"，其他操作和参数同上。操作过程如图 10-36～图 10-39 所示。

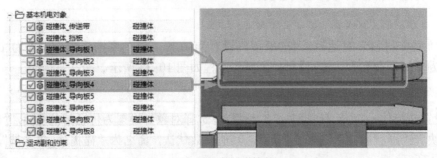

图 10-36　设置导向板碰撞体 1、4

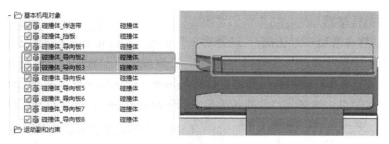

图 10-37 设置导向板碰撞体 2、3

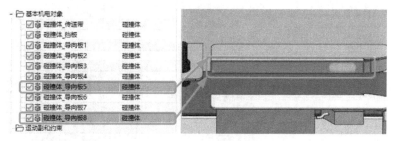

图 10-38 设置导向板碰撞体 5、8

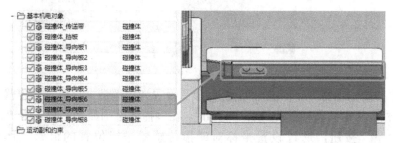

图 10-39 设置导向板碰撞体 6、7

3. 设置传感器与执行器

（1）设置传输面 打开"传输面"对话框，"选择面"设置为传送带实体表面，"运动类型"选择"直线"，矢量方向选择"X 轴正方向"，其他参数默认，命名为"传输面_传送带"。操作过程如图 10-40 所示。

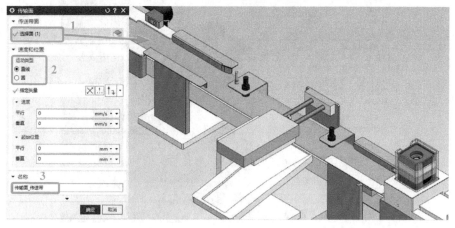

图 10-40 设置传送带传输面

（2）设置碰撞传感器

1）打开"碰撞传感器"对话框，"选择对象"设置为传送带右侧检测传感器实体，"碰撞形状"选择"圆柱"，"形状属性"先选择"自动"，在碰撞体范围显示后再选择。单击"指定坐标系"按钮，通过设置坐标对碰撞传感器进行位置的调整，形状高度设置为 20mm，形状半径设置为 1mm，其他参数默认，命名为"碰撞传感器_传送带右侧检测"。操作过程如图 10-41 所示。

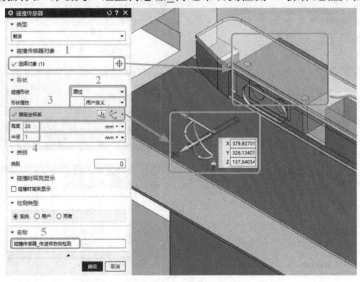

图 10-41　设置传送带右侧检测碰撞传感器

2）打开"碰撞传感器"对话框，"选择对象"设置为传送带末端检测传感器实体，"碰撞形状"选择"圆柱"，"形状属性"先选择"自动"，在碰撞体范围显示后再选择"用户定义"。单击"指定坐标系"按钮，通过设置坐标对碰撞传感器进行位置的调整，形状高度设置为 20mm，形状半径设置为 1mm，其他参数默认，命名为"碰撞传感器_传送带末端检测"。操作过程如图 10-42 所示。

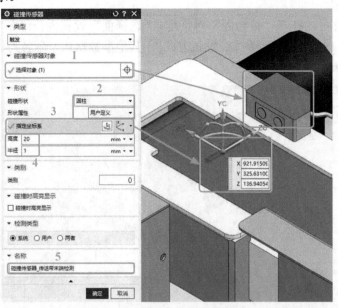

图 10-42　设置传送带末端检测碰撞传感器

　　3）打开"碰撞传感器"对话框，"选择对象"设置为姿态检测传感器实体，"碰撞形状"选择"圆柱"，"形状属性"先选择"自动"，在碰撞体范围显示出来后再选择"用户定义"。单击"指定坐标系"按钮，通过设置坐标对碰撞传感器进行位置的调整，形状高度设置为 20mm，形状半径设置为 1mm，其他参数默认，命名为"碰撞传感器_姿态检测"。操作过程如图 10-43 所示。

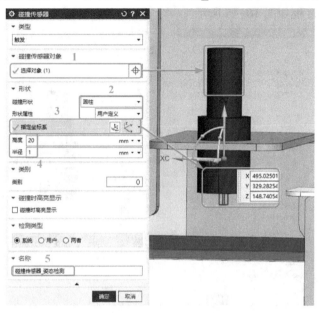

图 10-43　设置姿态检测碰撞传感器

　　4）打开"碰撞传感器"对话框，"选择对象"设置为颜色检测传感器实体，"碰撞形状"选择"圆柱"，"形状属性"先选择为"自动"，在碰撞体范围显示出来后再选择"用户定义"。单击"指定坐标系"按钮，通过设置坐标对碰撞传感器进行位置的调整，形状高度设置为 20mm，形状半径设置为 1mm，"类别"设置为 3，其他参数默认，命名为"碰撞传感器_颜色检测_类别 3"。操作过程如图 10-44 所示。

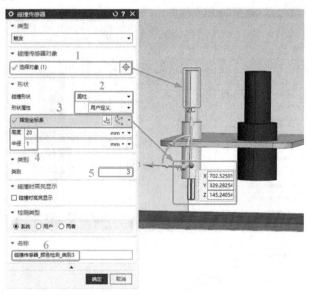

图 10-44　设置颜色检测碰撞传感器-类别 3

5）打开"碰撞传感器"对话框，"选择对象"设置为颜色检测传感器实体，"碰撞形状"选择"圆柱"，"形状属性"先选择"自动"，在碰撞体范围显示出来后再选择"用户定义"。单击"指定坐标系"按钮，通过设置坐标对碰撞传感器进行位置的调整，形状高度设置为20mm，形状半径设置为1mm，"类别"设置为5，其他参数默认，命名为"碰撞传感器_颜色检测_类别5"。操作过程如图10-45所示。

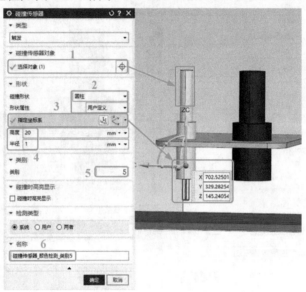

图 10-45　设置颜色检测碰撞传感器-类别 5

6）打开"碰撞传感器"对话框，"选择对象"设置为材质检测传感器实体，"碰撞形状"选择"圆柱"，"形状属性"先选择"自动"，在碰撞体范围显示出来后再选择"用户定义"。单击"指定坐标系"按钮，通过设置坐标对碰撞传感器进行位置的调整，形状高度设置为20mm，形状半径设置为1mm，"类别"设置为5，其他参数默认，命名为"碰撞传感器_材质检测_类别5"。操作过程如图10-46所示。

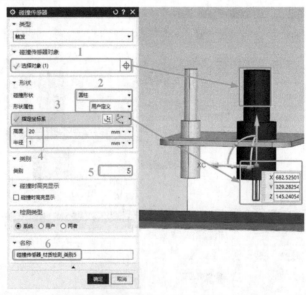

图 10-46　设置材质检测碰撞传感器-类别 5

7）打开"碰撞传感器"对话框，"选择对象"设置为材质检测传感器实体，"碰撞形状"选择"圆柱"，"形状属性"先选择"自动"，在碰撞体范围显示出来后再选择"用户定义"。单击"指定坐标系"按钮，通过设置坐标对碰撞传感器进行位置的调整，形状高度设置为 20mm，形状半径设置为 1mm，"类别"设置为 7，其他参数默认，命名为"碰撞传感器_材质检测_类别7"。操作过程如图 10-47 所示。

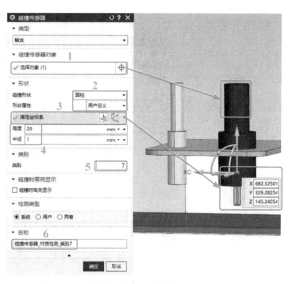

4. 设置信号

（1）传感器信号　打开"信号适配器"对话框，添加参数和信号，并指派信号公式。操作过程如图 10-48 所示。

图 10-47　设置材质检测碰撞传感器-类别 7

图 10-48　创建传感器信号适配器

（2）传送带控制信号　打开"信号适配器"对话框，添加参数和信号，并指派信号公式。16#047E、16#047F、16#0C7F 转化为十进制分别为 1150、1151、3199。这三个数值用来控制变频器的停止、启动、反转。操作过程如图 10-49 所示。

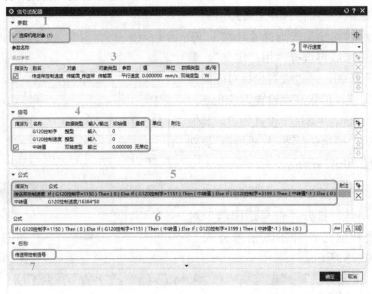

图 10-49　创建传送带控制信号适配器

5. 设置仿真序列

打开"仿真序列"对话框，"选择对象"设置为"传送带控制信号"，选中"活动的"，将"活动的"的"值"选择为 true；"选择条件对象"设置为"传送带控制信号"；条件的"参数"选择"G120 控制字"，"运算符"选择"=="，"值"设置为"1150"；将仿真序列命名为"变频器初始化"，完成后单击"确定"按钮。操作过程如图 10-50 所示。

图 10-50　设置"变频器初始化"仿真序列

6. 仿真验证及运行时察看器

在播放状态下，单击需要监控的"传送带控制信号"和"传输面_传送带"，即可通过运行时察看器进行监控。先将"G120 控制字"修改为 1150，然后将"G120 控制速度"修改为 16384，再将"G120 控制字"修改为 1151，即可看到"传输面_传送带"的"平行速度"为 50。"G120 控制字"修改为 3199，"传输面_传送带"的"平行速度"为-50。"G120 控制字"修改为 1150，"传输面_传送带"的"平行速度"为 0。如图 10-51 所示。

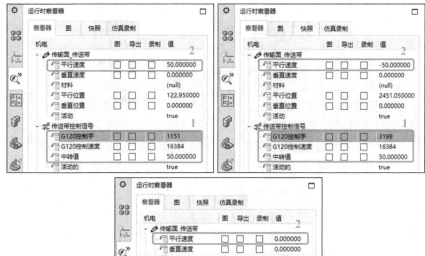

图 10-51　运行时察看器

10.4　退料气缸的设置与信号

10.4　退料气缸的设置与信号

任务目标　掌握退料气缸的 NX MCD 设置与信号产生。

退料气缸由气缸以及气缸的限位组成，其作用为回收电动机盖物料，通过布尔量信号进行伸缩控制。下面对退料气缸实施机电概念设计。

1. 设置碰撞材料

打开"碰撞材料"对话框，"动摩擦"设置为 0.1，"滚动摩擦系数"设置为 0，"恢复系数"设置为 0.01，命名为"光滑材料"。操作过程如图 10-52 所示。

图 10-52　设置碰撞材料

2. 设置传感器

设置碰撞传感器。打开"碰撞传感器"对话框，"选择对象"设置为滑槽实体，"碰撞形状"选择"方块"，"形状属性"先选择"自动"，在碰撞体范围显示出来后再选择"用户定义"。单击"指定坐标系"按钮，单击 YC 轴与 ZC 轴之间的旋转点，在"角度"文本框中输入"2"，再单击 XC 轴与 YC 轴之间的旋转点，在"角度"文本框中输入"-10"，将碰撞体调正；单击"坐标系原点"按钮，通过设置坐标对碰撞传感器进行位置的调整，形状长、宽、高分别设置为 20mm、5mm、48mm，其他参数默认，命名为"碰撞传感器_电机盖收集"。操作过程如图 10-53 所示。

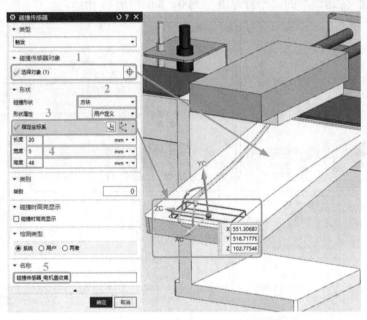

图 10-53　设置电动机盖收集碰撞传感器

3. 设置基本机电对象

（1）设置对象收集器　打开"对象收集器"对话框，"对象收集触发器"设置为"碰撞传感器_电动机盖收集"，"收集的来源"选择"任意"，命名为"对象收集器_电机盖收集"，设置完成后将前端复选框中的勾去除。操作过程如图 10-54 所示。

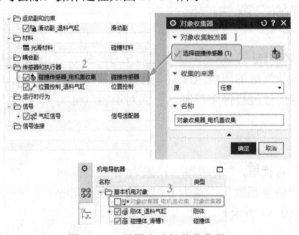

图 10-54　设置电动机盖收集器

（2）设置刚体　打开"刚体"对话框，"选择对象"设置为退料气缸实体，其他参数默认，命名为"刚体_退料气缸"。操作过程如图 10-55 所示。

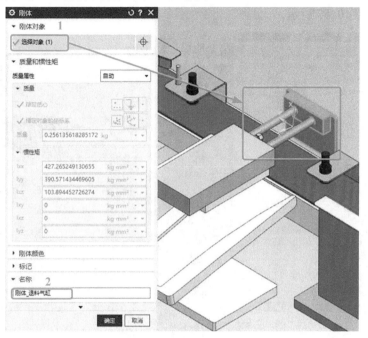

图 10-55　设置退料气缸刚体

（3）设置碰撞体

1）打开"碰撞体"对话框，"选择对象"设置为退料气缸挡板，"碰撞形状"选择"方块"，"形状属性"选择"自动"，其他参数默认，命名为"碰撞体_退料气缸"。操作过程如图 10-56 所示。

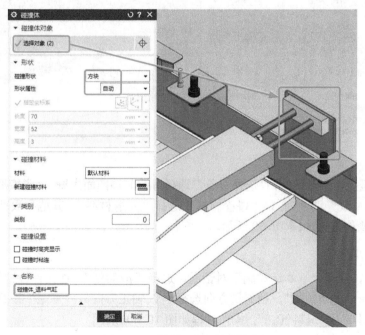

图 10-56　设置退料气缸碰撞体

2）打开"碰撞体"对话框，"选择对象"设置为滑槽表面，"碰撞形状"选择"方块"，"形状属性"选择"自动"，"碰撞材料"选择"光滑材料"，其他参数默认，命名为"碰撞体_滑槽1"。操作过程如图 10-57 所示。

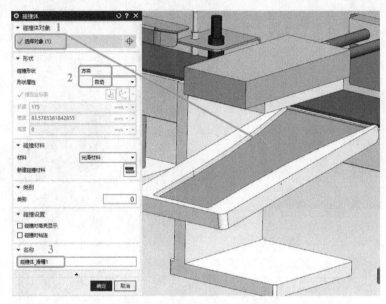

图 10-57　设置滑槽碰撞体 1

3）打开"碰撞体"对话框，分别对滑槽末端三面内壁进行碰撞体设置，"碰撞体_滑槽 4"的"类别"设置为 0，其他操作和参数同上。操作过程如图 10-58 所示。

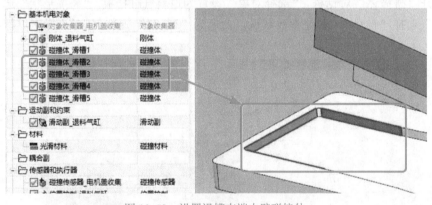

图 10-58　设置滑槽末端内壁碰撞体

4）打开"碰撞体"对话框，"选择对象"选择滑槽前端四面内壁，"碰撞形状"选择"网格面"，"凸多面体系数"调整为 1，"碰撞材料"选择"光滑材料"，其他参数默认，命名为"碰撞体_滑槽5"。操作过程如图 10-59 所示。

4. 设置运动副

设置滑动副。打开"基本运动副"对话框，选择"滑动副"。连接件设置为"刚体_退料气缸"，轴矢量选择"自动判断"，轴矢量方向选择"Y 轴正方向"，"下限"设置为 0，其他参数默认，命名为"滑动副_退料气缸"。操作过程如图 10-60 所示。

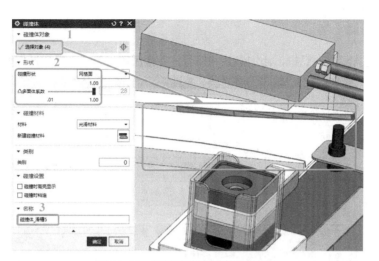

图 10-59　设置前端四面内壁碰撞体

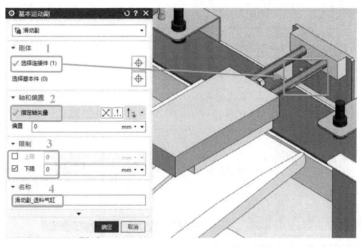

图 10-60　设置退料气缸滑动副

5. 设置执行器

设置位置控制。打开"位置控制"对话框，"机电对象"设置为"滑动副_退料气缸"，"目标"设置为 0，"速度"设置为 150，命名为"位置控制_退料气缸"。操作过程如图 10-61 所示。

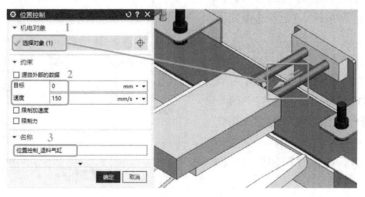

图 10-61　设置退料气缸滑动副

6. 设置信号

打开"信号适配器"对话框，添加参数和信号，并指派信号公式。操作过程如图 10-62 所示。

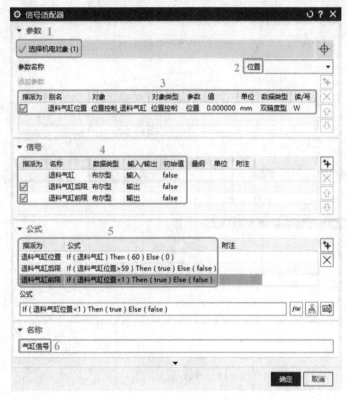

图 10-62　创建信号适配器

7. 设置仿真序列

1）打开"仿真序列"对话框，"选择对象"为空，"持续时间"设置为 3s；"选择条件对象"设置为"碰撞传感器_电机盖收集"，条件的"参数"选择为"已触发"，"运算符"选择为"=="，"值"设置为 true；将仿真序列命名为"延时 3s"，完成后单击"确定"按钮。操作过程如图 10-63 所示。

2）打开"仿真序列"对话框，"选择对象"设置为"对象收集器_电机盖收集"，选中"活动"，将"活动"的"值"选择为 true；"选择条件对象"为空；将仿真序列命名为"电机盖收集 ON"，完成后单击"确定"按钮。操作过程如图 10-64 所示。

3）打开"仿真序列"对话框，"选择

图 10-63　设置"延时 3s"仿真序列

对象"设置为"对象收集器_电机盖收集",选中"活动",将"活动"的"值"选择为 false; "选择条件对象"为空;将仿真序列命名为"电机盖收集 OFF",完成后单击"确定"按钮。操作过程如图 10-65 所示。

图 10-64　设置"电机盖收集 ON"仿真序列

4)完成仿真序列设置后,在"序列编辑器"中,选中上文完成的三条仿真序列,右键单击,在弹出的快捷菜单中选择"创建链接器"。操作过程如图 10-66 所示。

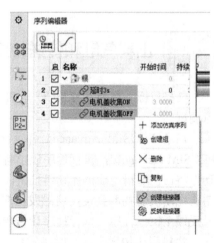

图 10-65　设置"电机盖收集 OFF"仿真序列　　　　　　图 10-66　创建链接器

8. 仿真验证及运行时察看器

在播放状态下，单击需要监控的机电对象或信号，即可通过运行时察看器进行监控，如图 10-67 所示。

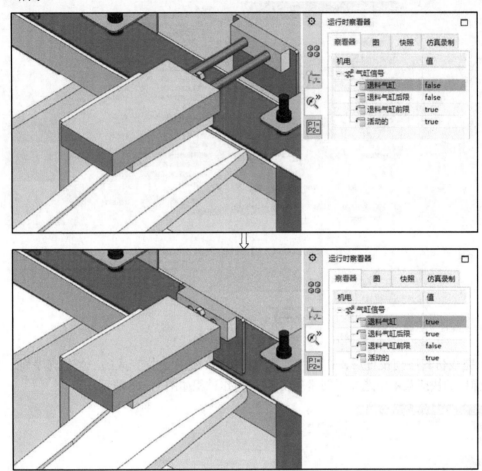

图 10-67　运行时察看器

10.5　出料气缸和传送带虚拟调试

任务目标　掌握 NX MCD 与 PLCSIM Advanced 的出料气缸和传送带虚拟调试。

启动 PLCSIM Advanced 并运行，按下触摸屏的启动按钮，信号传送至 PLCSIM Advanced，执行程序让出料气缸信号输出，NX MCD 中的出料气缸动作将白色塑料电动机盖物料推出，NX MCD 中的出料气缸到达限位与白色塑料电动机盖物料到位，将触发出料气缸前限位信号与传送带右侧传感器信号反馈至执行程序，执行程序让传送带启动并以 50Hz 的速度运行，NX MCD 中传送带运送物料，物料到达传送带末端时触发传送带末端传感器，信号反馈至执行程序，执行程序使传送带

10.5　出料气缸与
传送带虚拟调试

停止。

1. 机电概念设计

完成模型中的出料气缸、白色塑料电动机盖、传送带以及相关碰撞体与传感器的机电概念
设计。完成示意图如图 10-68、图 10-69 所示。

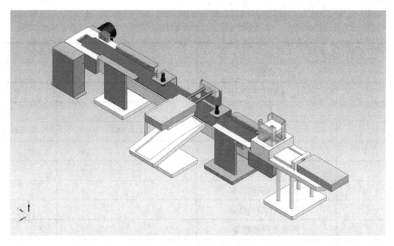

图 10-68　完成示意图（1）

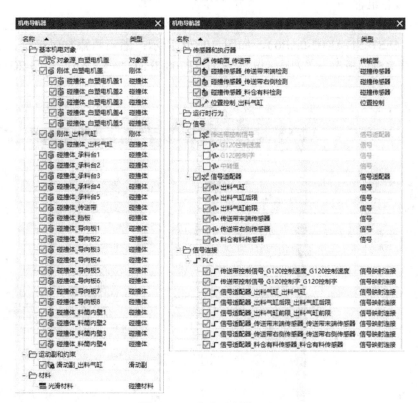

图 10-69　完成示意图（2）

2. PLC 控制程序编写

（1）控制要求　PLC 上电触发一次将 16#047E 传送到 G120 控制字，按下启动按钮，料仓

有料传感器检测到有料，出料气缸动作，到达气缸前限位延时 0.5s 后缩回；电动机盖物料到达传送带右侧传感器，传送带启动并以 50Hz 速度运行，在运行过程中，速度可在触摸屏调整；物料到达传送带末端传感器，0.5s 后传送带停止。

系统运行过程中，按下停止按钮，系统停止运行。

（2）PLC 变量定义　I/O 分配表见表 10-3。

表 10-3　I/O 分配表

输入变量		输出变量	
地址	名称	地址	名称
M0.0	启动按钮	Q0.0	出料气缸
M0.1	停止按钮	QW256	G120 控制字
M100.0	FirstScan	QW258	G120 控制速度
I1.0	出料气缸前限		
I1.1	出料气缸后限		
I1.2	传送带右侧传感器		
I1.3	传送带末端传感器		
I1.4	料仓有料传感器		

（3）PLC 设备组态

1）在 TIA 博途软件中创建新项目。在设备导航器中单击"添加新设备"，选择 CPU 1511 PN（订货号：6ES7 511AK02-0AB0），如图 10-70 所示；然后再添加触摸屏，选择 HMI→"SIMATIC 精简系列面板"→"7″显示屏"→"KTP700 Basic"→"6AV2 123-2GB03-0AX0"，如图 10-71 所示。

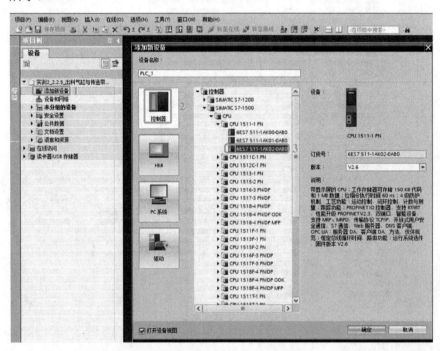

图 10-70　添加 PLC 设备

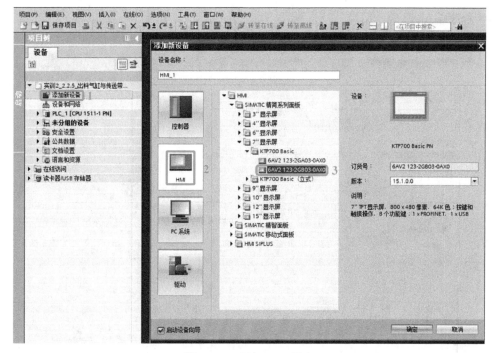

图 10-71　添加 HMI 设备

2）在设备导航器中右键单击"PLC_1"项目，在快捷菜单中单击"属性"，在弹出的巡视界面中单击"系统和时钟存储器"选项，选中"启用系统存储器字节"，将"系统存储器字节的地址"设置为 100。如图 10-72 所示。

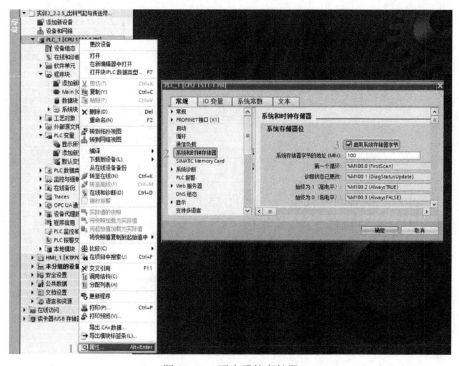

图 10-72　开启系统存储器

（4）程序编写

1）编写 PLC 程序，如图 10-73 所示。

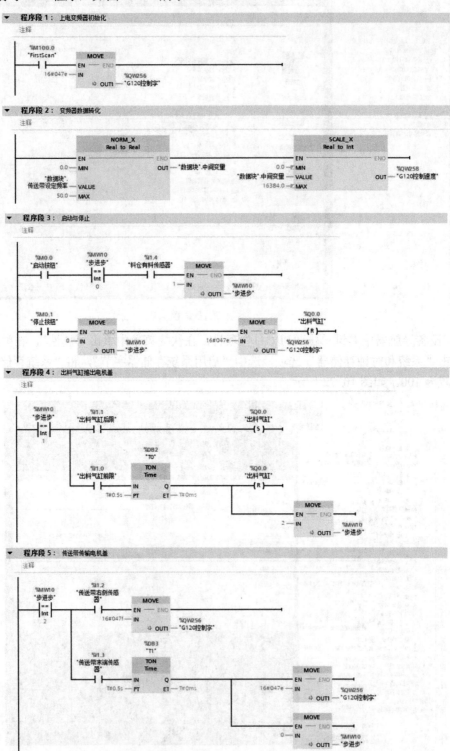

图 10-73　PLC 程序

2）设计 HMI 触摸屏，如图 10-74 所示。

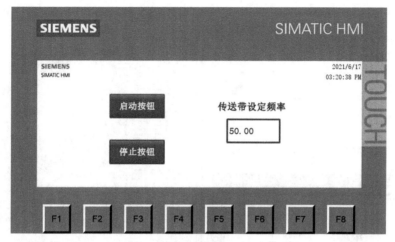

图 10-74　HMI 触摸屏

（5）PLC 与 NX MCD 虚拟调试

1）虚拟调试部分参考 "9.5 节点动开关与指示灯的虚拟调试"。

2）信号映射如图 10-75 所示。

图 10-75　信号映射

3）运行 NX MCD 仿真，如图 10-76 所示。

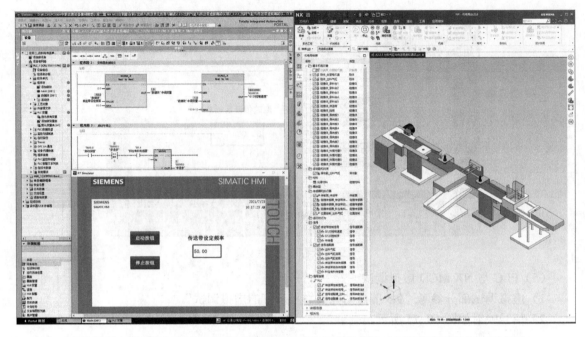

图 10-76 运行 NX MCD 仿真

10.6 出料和传送单元仿真与调试综合实训

任务目标 掌握出料和传送单元 NX MCD 设计与虚拟调试的应用。

1. 任务要求

对出料和传送单元进行 NX MCD 设计与 TIA 博途编程，实现以下控制工艺要求的虚拟调试。

（1）手动功能 将手动/自动开关打在手动档位，手动功能生效，手动操作界面的按钮生效，按下对应的操作按钮，做出相应的动作。

（2）自动功能 将手动/自动转换开关打在自动档位，自动功能生效，此时手动功能失效。自动运行流程图如图 10-77 所示。

1）原点检测。系统上电后，系统首先检查工作站是否处于初始状态。初始状态是指传送带两端传感器无工件、出料气缸处于后限位、退料气缸处于前限位。若是无法满足初始状态，则系统不能启动。

2）系统缺料检测。系统上电后处于停机状态，按下启动按钮，若系统处于初始状态，且料仓有料，则系统启动；若料仓缺料，等待 10s 放料；若在 10s 内有物料放入，则系统启动；若 10s 内未放入物料，则系统停机。

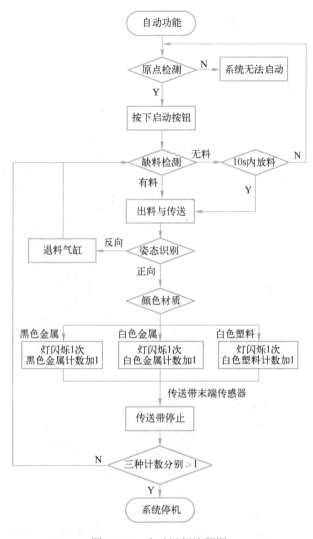

图 10-77　自动运行流程图

3）出料与传送。系统启动后，料仓有料传感器触发，延时 0.5s 后出料气缸动作，推出电动机盖物料，到达气缸前限位延时 0.5s 后缩回；电动机盖物料到达传送带右侧传感器，传送带启动并以 50Hz 速度运行，在运行过程中，速度可在触摸屏调整。

4）姿态识别。在传送带运行途中将经过姿态识别传感器，若是正向电动机盖物料则系统继续运行；若是反向电动机盖则退料气缸动作，将反向电动机盖收入退料槽，等待 0.5s，退料气缸回到原位，随后系统返回缺料检测结果。

5）颜色与材质识别。在传送带运行后段将经过颜色识别传感器和材质识别传感器，若是黑色金属电动机盖则将触摸屏中的黑色金属电动机盖计数加 1，且灯闪烁一次；若是白色金属电动机盖则将触摸屏中的白色金属电动机盖计数加 1，且灯闪烁一次；若是白色塑料电动机盖则将触摸屏中的白色塑料电动机盖计数加 1，且灯闪烁一次。

6）电动机盖物料到达传送带末端传感器，0.5s 后传送带停止。此时一个周期完成，系统执行下一个周期。

7）若是三种电动机盖物料计数≥1，则系统停机。

（3）停止功能　自动运行过程中，按下停止按钮，系统完成当前周期后停机；在自然停止状态下，按启动按钮，系统可以启动。

（4）急停功能　自动运行过程中，按下急停按钮，系统立刻停机，此时按启动按钮，系统无法启动。

（5）复位功能　自动运行模式下，松开急停按钮，按下复位按钮，系统复位；此时按启动按钮，系统启动。

2. PLC 程序 I/O 分配表

PLC 程序 I/O 分配表见表 10-4。

3. HMI 触摸屏界面

HMI 启动后，视图窗口进入交互界面，界面应包含如图 10-78 所示的信息和功能。

表 10-4　I/O 分配表

输入变量		输出变量	
地址	名称	地址	名称
M0.0	启动按钮	Q0.0	出料气缸
M0.1	停止按钮	Q0.1	退料气缸
M0.2	急停开关	QW256	G120 控制字
M0.3	复位按钮	QW258	G120 控制速度
M0.4	手动_自动模式		
I1.0	出料气缸前限		
I1.1	出料气缸后限		
I1.2	退料气缸前限		
I1.3	退料气缸后限		
I1.4	料仓有料传感器		
I1.5	传送带右侧传感器		
I1.6	传送带末端传感器		
I1.7	姿态识别传感器		
I2.0	颜色识别传感器		
I2.1	材质识别传感器		

图 10-78　HMI 界面设计

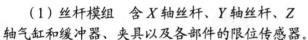

第11章　装配和仓储单元仿真与调试实训

装配和仓储单元是 GPC500H 竞赛设备的组成部分，其作用是通过丝杆模组对物料进行装配和仓储存放。装配和仓储单元模型如图 11-1 所示。

在工业生产中，装配单元是指对前置工作站处理完成的产品进行安装配合，仓储单元是指将成品按要求进行码垛入库摆放，该单元往往在生产线中作为最后一个环节。

装配和仓储单元主要由丝杆模组、气缸、夹具以及各类传感器等组成，根据其功能和 NX MCD 的设计方式不同可将上述器件分为两类。

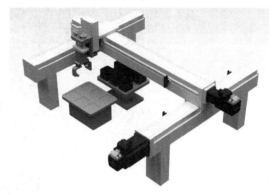

图 11-1　装配和仓储单元模型

（1）丝杆模组　含 X 轴丝杆、Y 轴丝杆、Z 轴气缸和缓冲器、夹具以及各部件的限位传感器。

（2）装配台和仓储台　含装配台气缸和限位传感器、电动机物料和仓储台。

本实训共有四个任务，分别为：

11.1　丝杆模组的设置与信号
11.2　装配台和仓储台的设置与信号
11.3　丝杆模组与装配台虚拟调试
11.4　装配和仓储单元仿真与调试综合实训

11.1　丝杆模组的设置与信号

任务目标　掌握丝杆模组的 NX MCD 设置与信号产生。

丝杆模组由 X 轴丝杆、Y 轴丝杆、Z 轴气缸与缓冲器、夹具以及各部件的限位传感器组成，作用是搬运电动机盖与成品电动机。

11.1　丝杆模组的设置与信号

1）X、Y 轴丝杆是通过 V90 伺服驱动的，每个轴都有三个限位传感器，分别是原点限位、正限位以及负限位。一般来说，伺服电动机的默认旋转方向为顺时针，所以伺服电动机顺时针旋转驱动的运动方向为正限位，伺服电动机逆时针旋转驱动的运动方向为负限位，原点限位在正限位与负限位之间。

2）Z 轴气缸由气缸、气缸限位及缓冲器组成，其作用为拾起与放下物料，通过布尔量信号进行控制气缸的上升与下降。

3）夹具由气缸、夹爪及气缸限位组成，其作用为夹取物料，通过布尔量信号进行控制气缸收合。

下面对丝杆模组实施机电概念设计。

1.设置基本机电对象

1）设置刚体。打开"刚体"对话框，"选择对象"设置为 X 轴丝杆实体，其他参数默认，命名为"刚体_X 轴丝杆"。操作过程如图 11-2 所示。

图 11-2　设置 X 轴丝杆刚体

2）打开"刚体"对话框，"选择对象"设置为 Y 轴丝杆实体，其他参数默认，命名为"刚体_Y 轴丝杆"。操作过程如图 11-3 所示。

图 11-3　设置 Y 轴丝杆刚体

3）打开"刚体"对话框，"选择对象"设置为 Z 轴气缸实体，其他参数默认，命名为"刚体_Z 轴气缸"。操作过程如图 11-4 所示。

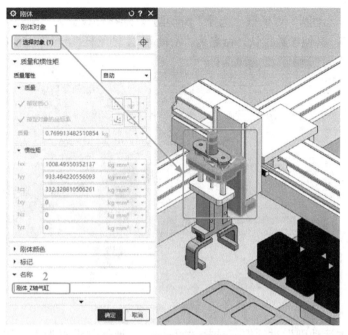

图 11-4　设置 Z 轴气缸刚体

4）打开"刚体"对话框，"选择对象"设置为 Z 轴气缸缓冲器实体，其他参数默认，命名为"刚体_Z 轴气缸缓冲器"。操作过程如图 11-5 所示。

图 11-5　设置 Z 轴气缸缓冲器刚体

2. 设置运动副和约束

（1）设置滑动副

1）打开"基本运动副"对话框，选择"滑动副"。连接件设置为"刚体_X 轴丝杆"，轴矢量选择"X轴正方向"，其他参数默认，命名为"滑动副_X轴丝杆"。操作过程如图 11-6 所示。

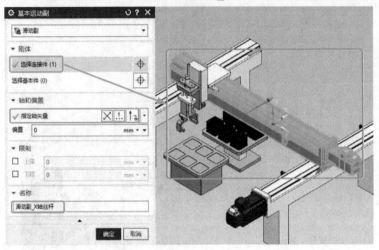

图 11-6　设置 X 轴丝杆滑动副

2）打开"基本运动副"对话框，选择"滑动副"。连接件设置为"刚体_Y 轴丝杆"，基本件设置为"刚体_X 轴丝杆"，轴矢量选择"Y 轴正方向"，其他参数默认，命名为"滑动副_Y 轴丝杆"。操作过程如图 11-7 所示。

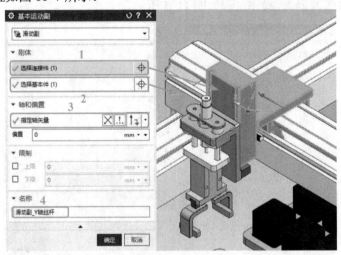

图 11-7　设置 Y 轴丝杆滑动副

3）打开"基本运动副"对话框，选择"滑动副"。连接件设置为"刚体_Z 轴气缸"，基本件设置为"刚体_Y 轴丝杆"，轴矢量选择"Z 轴负方向"，其他参数默认，命名为"滑动副_Z 轴气缸"。操作过程如图 11-8 所示。

4）打开"基本运动副"对话框，选择"滑动副"。连接件设置为"刚体_Z 轴气缸缓冲器"，基本件设置为"刚体_Z 轴气缸"，轴矢量选择"Z 轴正方向"，"上限"设置为 10，"下限"设置为 0，其他参数默认，命名为"滑动副_Z 轴气缸缓冲器"。操作过程如图 11-9 所示。

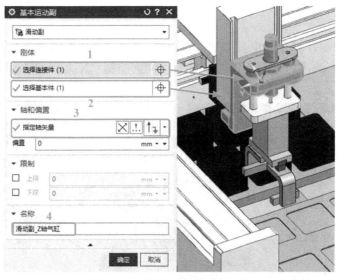

图 11-8　设置 Z 轴气缸滑动副

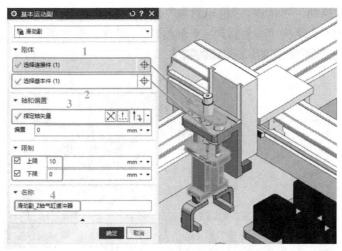

图 11-9　设置 Z 轴气缸缓冲器滑动副

（2）设置弹簧阻尼器　打开"弹簧阻尼器"对话框，"轴运动副"设置为"滑动副_Z 轴气缸缓冲器"，"弹簧常数"设置为 1，"阻尼"设置为 0.1，"松弛位置"设置为 0，命名为"弹簧阻尼器_Z 轴气缸缓冲器"。操作过程如图 11-10 所示。

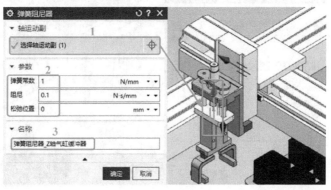

图 11-10　设置 Z 轴气缸缓冲器弹簧阻尼器

3. 设置执行器

1）设置位置控制。打开"位置控制"对话框，"机电对象"设置为"滑动副_X 轴丝杆"，"目标"设置为 0，"速度"设置为 0，命名为"位置控制_ X 轴丝杆"。操作过程如图 11-11 所示。

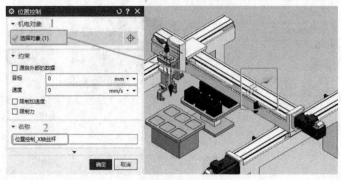

图 11-11　设置 X 轴丝杆位置控制

2）打开"位置控制"对话框，"机电对象"设置为"滑动副_Y 轴丝杆"，"目标"设置为 0，"速度"设置为 0，命名为"位置控制_ Y 轴丝杆"。操作过程如图 11-12 所示。

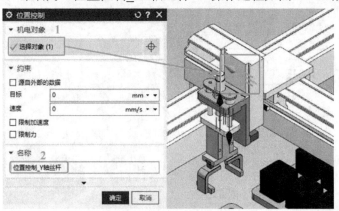

图 11-12　设置 Y 轴丝杆位置控制

3）打开"位置控制"对话框，"机电对象"设置为"滑动副_Z 轴气缸"，"目标"设置为 0，"速度"设置为 150，命名为"位置控制_Z 轴气缸"。操作过程如图 11-13 所示。

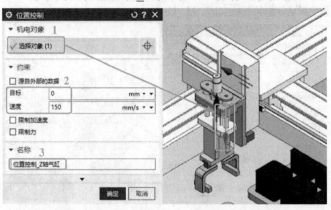

图 11-13　设置 Z 轴气缸位置控制

4. 设置运行时行为

设置握爪。打开"握爪"对话框，选择"手指握爪"选项，选择基本体对象为"刚体_Z 轴气缸缓冲器"；"检测区域"选择"中心点、半径和高度"，"指定方位"如图 11-14 中所示坐标，"高度"设置为 7mm，"半径"设置为 18mm；手指类型选择"线性"，单击"添加新手指"按钮，添加两个手指，"手指 1"的手指体为左夹具实体，矢量为"X 轴正方向"，"手指 2"的手指体为右夹具实体，矢量为"X 轴负方向"。其中"手指 1"与"手指 2"的"初始位置"为 0mm，"最大位置"为 6mm，"速度"为 100mm/s，选中"碰撞时停止抓握"复选框，手指碰撞面选择夹具内侧面，其他参数默认，命名为"握爪_夹具"。操作过程如图 11-14 所示。

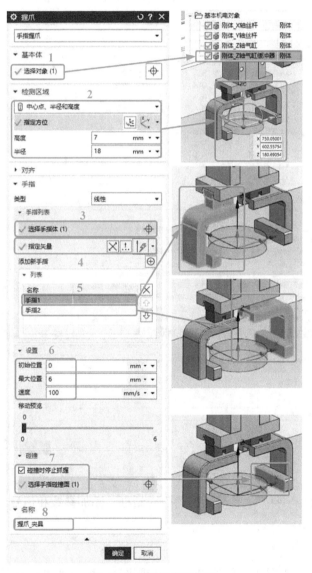

图 11-14　设置夹具握爪

5. 设置信号

（1）丝杆控制信号　打开"信号适配器"对话框，添加参数和信号，并指派信号公式。操作过程如图 11-15 所示。

图 11-15　创建丝杆控制信号适配器

（2）气缸控制信号　打开"信号适配器"对话框，添加参数和信号，并指派信号公式。操作过程如图 11-16 所示。

6. 仿真验证及运行时察看器

在播放状态下，单击需要监控的机电对象或信号，即可通过运行时察看器进行监控，如图 11-17～图 11-20 所示。

图 11-16　创建气缸控制信号适配器

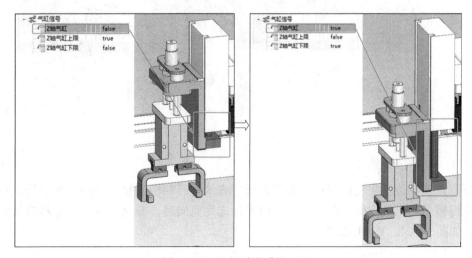

图 11-17　运行时察看器（1）

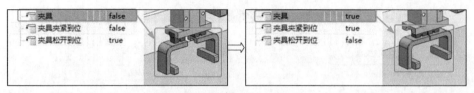

图 11-18　运行时察看器（2）

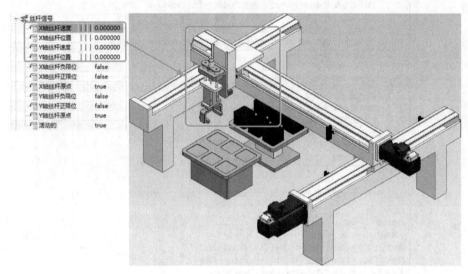

图 11-19　运行时察看器（3）

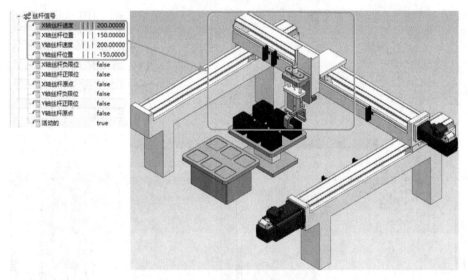

图 11-20　运行时察看器（4）

7. NX MCD 丝杆原点位置调整

丝杆原点初始位置需要根据程序的工艺组态方式进行相应调整。当回零标志为正向时，原点在原点传感器的正向方位，即左边；当回零标志为负向时，原点在原点传感器的负向方位，即右边。如图 11-21、图 11-22 所示。

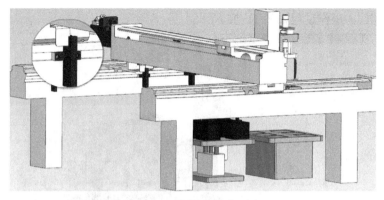

图 11-21　回零标志为正向

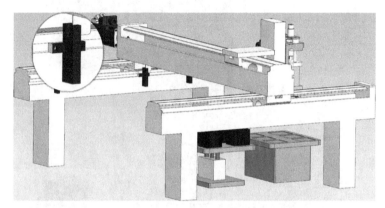

图 11-22　回零标志为负向

11.2　装配台和仓储台的设置与信号

任务目标　掌握装配台和仓储台的 NX MCD 设置与信号产生。

装配台由装配台气缸、电动机物料及各部件的限位传感器组成，作用是装配电动机盖与电动机及仓储存放电动机成品。通过气缸上升与下降对电动机进行组装，通过布尔量信号进行控制气缸的上升与下降。

仓储台为带有六个仓位的平台，作用是存放电动机成品。

下面对装配台和仓储台实施机电概念设计。

11.2　装配台与仓储台的设置与信号

1．设置基本机电对象

（1）设置刚体

1）打开"刚体"对话框，"选择对象"设置为电动机物料实体，其他参数默认，命名为"刚体_电动机 1"。操作过程如图 11-23 所示。

2）操作同"刚体_电动机 1"，给其余五个电动机物料设置刚体，分别命名为"刚体_电机 2""刚体_电机 3""刚体_电机 4""刚体_电机 5"和"刚体_电机 6"。操作过程如图 11-24 所示。

3）打开"刚体"对话框，"选择对象"设置为装配台气缸实体，其他参数默认，命名为

"刚体_装配台气缸"。操作过程如图 11-25 所示。

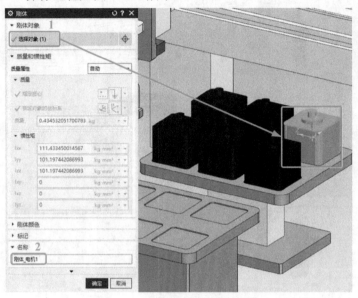

图 11-23　设置电动机 1 刚体

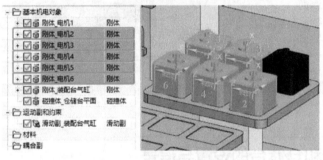

图 11-24　设置电动机刚体

图 11-25　设置装配台气缸刚体

（2）设置碰撞体

1）打开"碰撞体"对话框，"选择对象"设置为"电机 1"的三个表面，"碰撞形状"选择"方块"，其他参数默认，命名为"碰撞体_电机 1"。操作过程如图 11-26 所示。

图 11-26　设置电动机 1 碰撞体

2）操作同"碰撞体_电动机 1"，给其余五个电动机物料设置碰撞体，分别命名为"碰撞体_电机 2""碰撞体_电机 3""碰撞体_电机 4""碰撞体_电机 5"和"碰撞体_电机 6"。操作过程如图 11-27 所示。

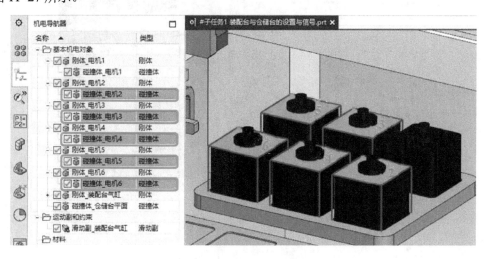

图 11-27　设置电动机碰撞体

3）打开"碰撞体"对话框，"选择对象"设置为装配台平面的四个凹槽面，"碰撞形状"选择"方块"，其他参数默认，命名为"碰撞体_装配台平面"。操作过程如图 11-28 所示。

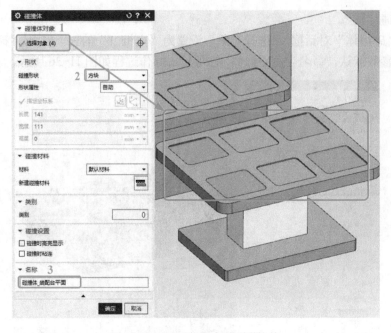

图 11-28　设置装配台平面碰撞体

4）打开"碰撞体"对话框，"选择对象"设置为仓储台平面的四个凹槽面，"碰撞形状"选择"方块"，其他参数默认，命名为"碰撞体_仓储台平面"。操作过程如图 11-29 所示。

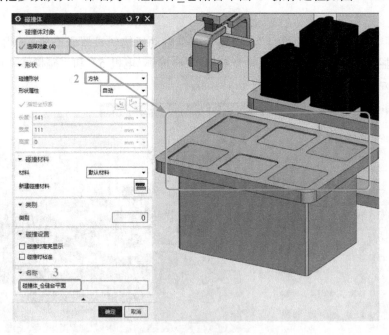

图 11-29　设置仓储台平面碰撞体

2．设置运动副和约束

设置滑动副。打开"基本运动副"对话框，选择"滑动副"。连接件设置为"刚体_装配台气缸"，轴矢量选择"Z 轴负方向"，其他参数默认，命名为"滑动副_装配台气缸"。操作过程如图 11-30 所示。

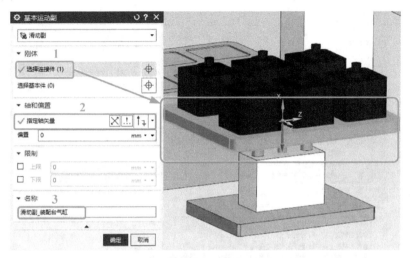

图 11-30　设置装配台气缸滑动副

3．设置执行器

设置位置控制。打开"位置控制"对话框，"机电对象"设置为"滑动副_装配台气缸"，"目标"设置为 0，"速度"设置为 100，命名为"位置控制_装配台气缸"。操作过程如图 11-31 所示。

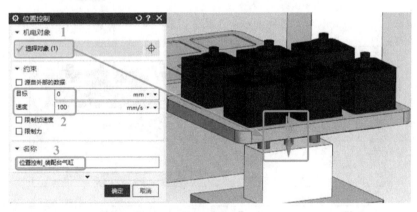

图 11-31　设置装配台气缸位置控制

4．设置信号

打开"信号适配器"对话框，添加参数和信号，并指派信号公式。操作过程如图 11-32 所示。

5．仿真验证及运行时察看器

在播放状态下，单击需要监控的机电对象或信号，即可通过运行时察看器进行监控，如图 11-33 所示。

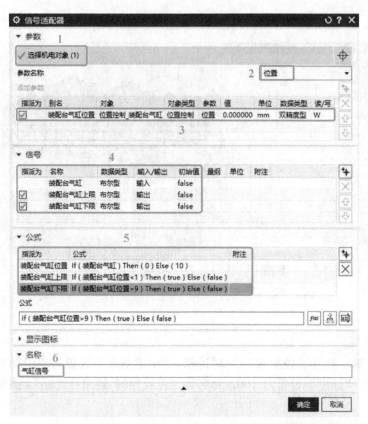

图 11-32 创建信号适配器

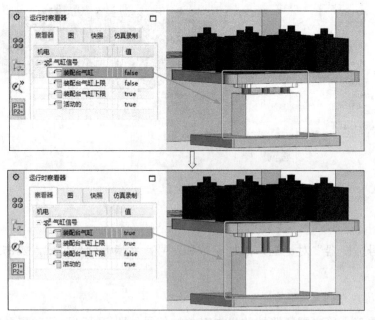

图 11-33 运行时察看器

11.3 丝杆模组与装配台虚拟调试

任务目标　掌握 NX MCD 和 PLCSIM Advanced 的丝杆模组与装配台虚拟调试。

1）启动 PLCSIM Advanced 并运行，按下触摸屏的复位按钮，使 X、Y 轴回零。

2）然后按下启动按钮，虚拟 PLC 执行定位轴程序，使 X、Y 轴移动到装配台 1 号电动机位置。在此过程中，需将 X、Y 轴的位置与速度实时传送至 NX MCD。

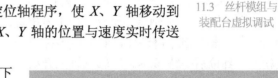

11.3　丝杆模组与装配台虚拟调试

3）X、Y 轴移动到位后，触发 Z 轴气缸下降动作，0.5s 后装配台气缸上升，夹具夹紧抓取电动机物料，然后 Z 轴气缸上升，将电动机放置于仓储台 1 号位置。

1.　机电概念设计

完成模型中的丝杆模组、1 号电动机物料、装配台、仓储台以及相关碰撞体与传感器的机电概念设计，完成示意图如图 11-34、图 11-35 所示。

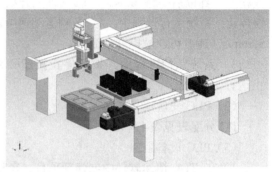

图 11-34　完成示意图（1）

图 11-35　完成示意图（2）

2. PLC 控制程序编写

（1）控制要求

1）按下复位按钮，X、Y 轴复位且回零。

2）按下启动按钮，X、Y 轴运动至装配台 1 号电动机位置，等待 0.5s。Z 轴气缸下降动作，Z 轴气缸到位后，装配台气缸上升动作，到位后等待 0.5s。夹具夹紧电动机物料，到位后等待 0.5s。Z 轴气缸上升动作，X、Y 轴运动至仓储台 1 号位置，等待 0.5s。Z 轴气缸下降动作，到位后等待 0.5s。夹具松开，到位后等待 0.5s。Z 轴气缸上升动作，系统停止。系统运行过程中，X、Y 轴运动速度默认为 50mm/s，速度可在触摸屏中调节。

3）系统运行过程中，按下停止按钮，系统停止运行。

（2）PLC 变量定义

I/O 分配表见表 11-1。

（3）PLC 设备组态

表 11-1　I/O 分配表

输入变量		输出变量	
地址	名称	地址	名称
M0.0	启动按钮	Q0.0	Z 轴气缸
M0.1	停止按钮	Q0.1	装配台气缸
M0.2	复位按钮	Q0.2	夹具
I1.0	Z 轴气缸上限	MD2	X 轴丝杆位置
I1.1	Z 轴气缸下限	MD6	X 轴丝杆速度
I1.2	装配台气缸上限	MD10	Y 轴丝杆位置
I1.3	装配台气缸下限	MD14	Y 轴丝杆速度
I1.4	夹具夹紧到位		
I1.5	夹具松开到位		
I1.6	X 轴丝杆原点		
I1.7	X 轴丝杆正限位		
I2.0	X 轴丝杆负限位		
I2.1	Y 轴丝杆原点		
I2.2	Y 轴丝杆正限位		
I2.3	Y 轴丝杆负限位		

1）在 TIA 博途软件中创建新项目。在设备导航器中单击"添加新设备"，选择 CPU 1511 PN（订货号：6ES7 511AK02-0AB0），如图 11-36 所示；然后添加触摸屏，选择 HMI→"SIMATIC 精简系列面板"→"7″显示屏"→"KTP700 Basic"→"6AV2 123-2GB03-0AX0"，如图 11-37 所示。

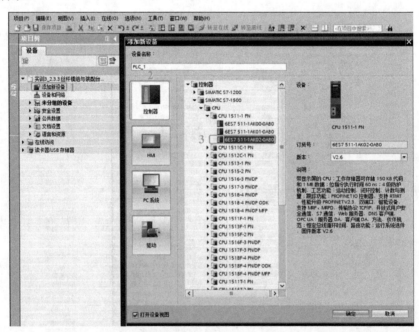

图 11-36　添加 PLC 设备

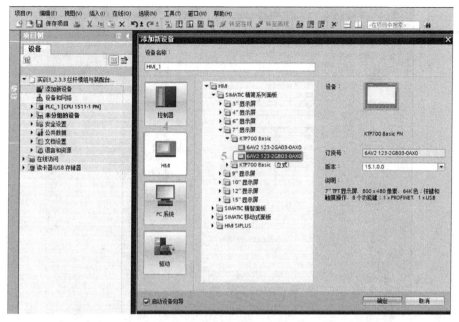

图 11-37　添加 HMI 设备

2）组态工艺对象。在"PLC_1"项目中展开"工艺对象"，双击"新增对象"，打开"新增对象"对话框。选择"运动控制"中的 TO_PositioningAxis，命名为"X 轴"，操作过程如图 11-38 所示；用相同的方式添加"Y 轴"，如图 11-39 所示。

展开"X 轴"，双击"组态"，选择"基本参数"，选中"虚拟轴"和"激活仿真"，操作过程如图 11-40 所示；用相同的方式设置"Y 轴"，如图 11-41 所示。

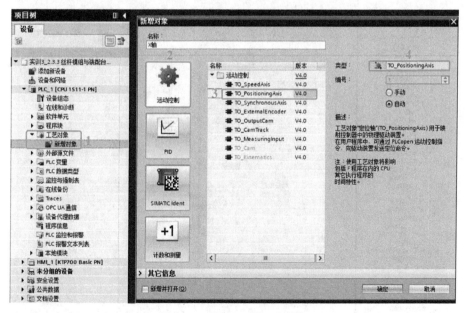

图 11-38　添加 X 轴工艺对象

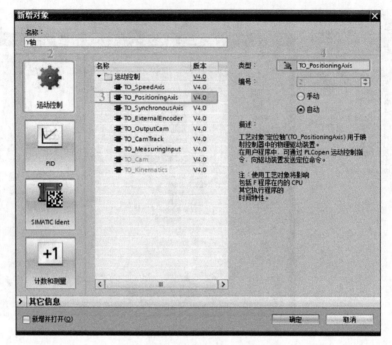

图 11-39　添加 Y 轴工艺对象

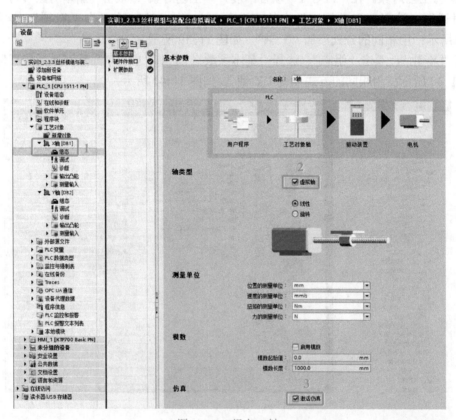

图 11-40　组态 X 轴

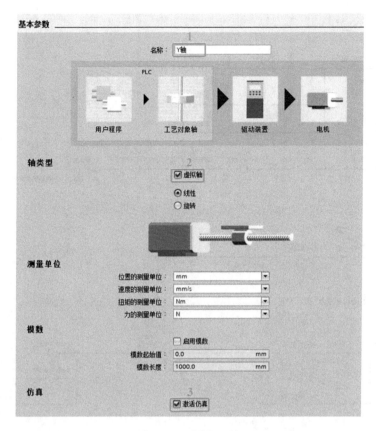

图 11-41 组态 Y 轴

（4）程序编写

1）编写 PLC 程序，如图 11-42 所示。

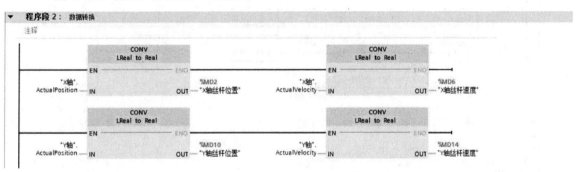

图 11-42 PLC 程序

图 11-42 PLC 程序（续）

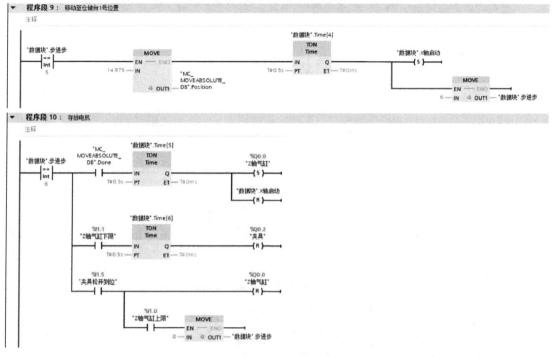

图 11-42　PLC 程序（续）

2）设计 HMI 触摸屏，如图 11-43 所示。

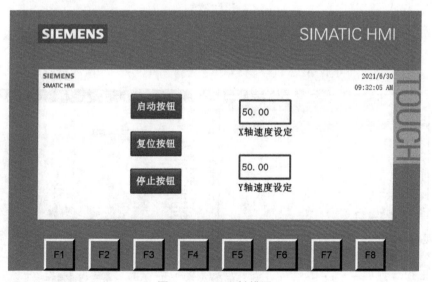

图 11-43　HMI 触摸屏

（5）PLC 和 NX MCD 虚拟调试

1）虚拟调试部分参考 9.5 节点动开关与指示灯的虚拟调试。

2）信号映射如图 11-44 所示。

3）运行 NX MCD 仿真，如图 11-45 所示。

图 11-44　信号映射

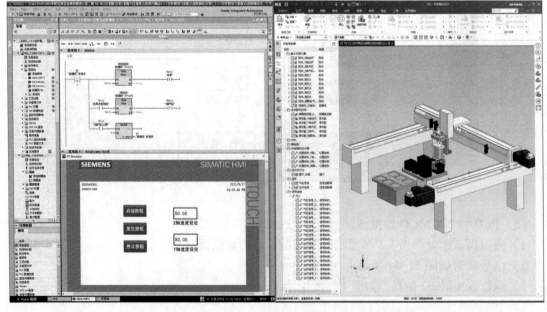

图 11-45　运行 NX MCD 仿真

11.4 装配和仓储单元仿真与调试综合实训

任务目标 掌握装配和仓储单元 NX MCD 设计与虚拟调试的应用。

1. 任务要求

对装配和仓储单元进行 NX MCD 设计与 TIA 博途编程，实现以下控制工艺要求的虚拟调试。

（1）手动功能 将手动/自动开关打在手动档位，手动功能生效，手动操作界面的按钮生效，按下对应的操作按钮，做出相应的动作。

（2）自动功能 将手动/自动转换开关打在自动档位，自动功能生效，此时手动功能失效。

1）原点检测。系统上电后，系统首先检查工作站是否处于初始状态。初始状态是指 X 轴与 Y 轴处于原点，Z 轴气缸处于上限位，装配台气缸处于上限位，夹具处于夹紧状态。若无法满足初始状态，则系统不能启动。

2）运行过程。系统上电后处于停机状态，按下启动按钮，若系统处于初始状态，则执行以下动作：

① X、Y 轴运动至装配台，等待 0.5s。

② Z 轴气缸下降动作，Z 轴气缸到位后，装配台气缸上升动作，到位后等待 0.5s。

③ 夹具夹紧电动机物料，到位后等待 0.5s。

④ Z 轴气缸上升动作，装配台气缸下降动作，X、Y 轴运动至仓储台，等待 0.5s。

⑤ Z 轴气缸下降动作，到位后等待 0.5s。

⑥ 夹具松开，到位后等待 0.5s。

⑦ Z 轴气缸上升动作，完成一次计数加 1，此时一个周期完成，系统执行下一个周期。

3）仓储位置与参数设定。系统启动后，在装配台拾取电动机并且按 1～6 号电动机仓储位置顺序拾取。丝杆运动初始速度默认 50mm/s，速度可在触摸屏中设置。

（3）停止功能 自动运行过程中，按下停止按钮，系统完成当前周期后停机；停机后，按启动按钮系统可以启动。

（4）急停功能 自动运行过程中，按下急停按钮，系统立刻停机，此时按启动按钮，系统无法启动。

（5）复位功能 自动运行模式下，松开急停按钮，按下复位按钮，系统复位；此时按启动按钮，系统启动。

2. PLC 程序 I/O 分配表

PLC 程序 I/O 分配表见表 11-2。

表 11-2 I/O 分配表

输入变量		输出变量	
地址	名称	地址	名称
M0.0	启动按钮	Q0.1	装配台气缸
M0.1	停止按钮	Q0.2	夹具

（续）

输入变量		输出变量	
地址	名称	地址	名称
M0.2	急停开关	Q0.3	Z轴气缸
M0.3	复位按钮	MD2	X轴丝杆位置
M0.4	手动_自动模式	MD6	X轴丝杆速度
I1.0	Z轴气缸上限	MD10	Y轴丝杆位置
I1.1	Z轴气缸下限	MD14	Y轴丝杆速度
I1.2	装配台气缸上限		
I1.3	装配台气缸下限		
I1.4	夹具夹紧到位		
I1.5	夹具松开到位		
I1.6	X轴丝杆原点		
I1.7	X轴丝杆正限位		
I2.0	X轴丝杆负限位		
I2.1	Y轴丝杆原点		
I2.2	Y轴丝杆正限位		
I2.3	Y轴丝杆负限位		

3. HMI 触摸屏界面

HMI 启动后，视图窗口进入交互界面，界面应包含如图 11-46 所示的信息和功能。

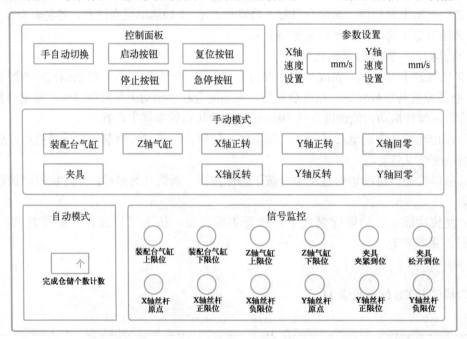

图 11-46　HMI 界面设计

第12章 自动化生产线虚拟调试实训

本章为考核实训的题目。实训目的是让学生能够更好地梳理与整合前面所学知识。实训以一套智能制造自动化生产线为案例，考核内容是对此自动化生产线进行 NX MCD 设计与 TIA 博途程序编写，使其能够实现自动化生产线虚拟调试与仿真。

12.1 实训内容

某公司采用制造装备数字孪生技术开发智能制造自动化生产线。该自动化生产线用于多种工件的送料搬运，并进行装配分拣，其主要控制工艺流程如图 12-1 所示。

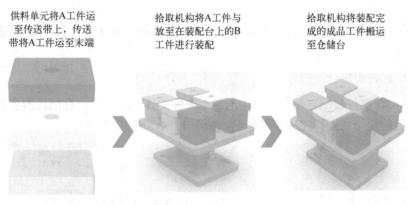

图 12-1　主要控制工艺流程

本实训首先为 NX MCD 的机电概念设计，然后编写 TIA 博途控制程序，再进行虚拟设备生产工艺过程仿真与调试，能够实现所需控制工艺要求。任务流程如图 12-2 所示。

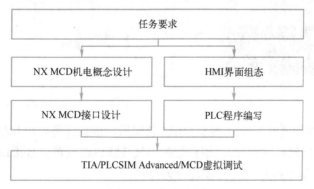

图 12-2　任务流程

12.2 设备介绍

制造装备数字孪生设备由操作控制单元、出料与传送单元、装配与仓储单元组成，各单元分布如图 12-3 所示。

设备的电气元器件命名的方向规则如下。

（1）气缸执行机构（X-Y 平面） 伸出方向为前，缩回方向为后。

（2）气缸执行机构（Z 轴方向） 处于上位为上，处于下位为下。

（3）X、Y 轴方向 电动机正转方向为正，电动机反转方向为负。

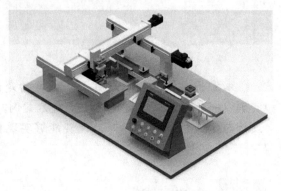

图 12-3 设备示意图

12.3 任务要求

制造装备数字孪生设备任务由两部分组成，完成机电概念设计任务和 TIA 博途编程任务，并完成虚拟调试。

1. NX MCD 机电概念设计任务

（1）NX MCD 部件装配 使用资源中的各个部件文件（.STEP），在制造装备数字孪生设备初始平台上按照给定布局图样完成模型装配，如图 12-4、图 12-5 所示。

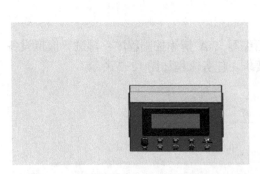

图 12-4 制造装备数字孪生设备初始平台

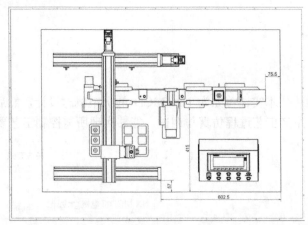

图 12-5 制造装备数字孪生设备平面布局图

（2）NX MCD 物理属性 完成 NX MCD 装配后，根据任务要求和相关参数，针对设备进行机电概念设计（即物理特性设置）；根据相关电气接线原理设置信号接口，与 PLC 的 I/O 形成数据变量交互，实现与 PLC 通信并实现行为控制。

各部件的物理相关参数如下。

1）传送带。传送带的实际线速度的算法：传送带变频器输出频率乘以电动机转速再除以

50Hz 得到当前电动机转速；当前电动机转速除以减速器速比是减速器输出转速，也就是带轮转速；乘以带轮直径（滚筒直径+传送带厚度×2）乘以圆周率（π）就是每分钟传送带的速度；再除以 60 等于传送带的每秒线速度。公式如下：

$$\text{NX MCD中传送带速度} = \frac{\text{电动机转速}}{50\text{Hz}} \times \frac{\text{传送带变频器输出频率}}{\text{速比}} \times \frac{\text{带轮直径} \times \pi}{60}$$

式中，电动机转速 1500r/min；滚筒直径 30mm；传送带厚度 2mm；速比 10。

2）气缸行程。Z 轴气缸行程：50mm；Z 轴缓冲器行程：10mm；夹具双边行程：12mm；出料气缸行程：50mm；退料气缸行程：60mm；装配台气缸行程：10mm。

（3）NX MCD 接口设计　根据表 12-1 所给的 MCD I/O 信号，在信号适配器中引入对应的 MCD 物理对象中的参数，并在"公式"列表中为信号和参数分配公式。

表 12-1　虚拟调试信号适配器 I/O 接口

输入信号		输出信号	
信号	数据类型	信号	数据类型
红灯	布尔型	启动按钮	布尔型
绿灯	布尔型	停止按钮	布尔型
黄灯	布尔型	急停开关	布尔型
出料气缸	布尔型	复位按钮	布尔型
退料气缸	布尔型	转换开关	布尔型
装配台气缸	布尔型	颜色识别传感器	布尔型
夹具	布尔型	材质识别传感器	布尔型
Z 轴气缸	布尔型	姿态识别传感器	布尔型
X 轴丝杆速度	双精度型	出料气缸前限	布尔型
X 轴丝杆位置	双精度型	出料气缸后限	布尔型
Y 轴丝杆速度	双精度型	退料气缸前限	布尔型
Y 轴丝杆位置	双精度型	退料气缸后限	布尔型
G120 控制字	整型	装配台气缸上限	布尔型
G120 控制速度	整型	装配台气缸下限	布尔型
		Z 轴气缸上限	布尔型
		Z 轴气缸下限	布尔型
		夹具夹紧到位	布尔型
		夹具松开到位	布尔型
		传送带右侧传感器	布尔型
		传送带末端传感器	布尔型
		X 轴负限位	布尔型
		X 轴原点	布尔型
		X 轴正限位	布尔型
		Y 轴负限位	布尔型
		Y 轴原点	布尔型
		Y 轴正限位	布尔型
		料仓有料传感器	布尔型

2. TIA 博途编程任务

（1）HMI 界面组态　根据下方给出的界面，用 TIA 博途编程软件完成任务要求的人机界面设计。

1）开机界面。HMI 启动后，视图窗口进入开机界面，开机界面应包含如图 12-6 所示的信息和功能，单击任意处，系统进入自动控制界面。

2）自动控制界面。自动控制界面应包含如图 12-7 所示的信息与功能。单击"开机界面""手动控制界面"或"状态监控界面"都能跳转到对应的界面。

图 12-6　开机界面

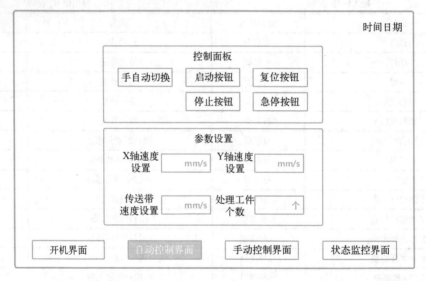

图 12-7　自动控制界面

3）手动控制界面。手动控制界面应包含如图 12-8 所示的信息与功能，单击"开机界面""自动控制界面"或"状态监控界面"都能跳转到对应的界面（注意：本操作页面只有在手动模式下有效）。

4）状态监控界面。状态监控界面应包含如图 12-9 所示的信息与功能，单击"开机界面""自动控制界面"或"手动控制界面"都能跳转到对应的界面。

（2）控制工艺要求

1）手动功能。将手动/自动开关打在手动档位，手动功能生效，手动控制界面的按钮生效，按下对应的操作按钮，做出相应的动作。

2）自动功能。将手动/自动转换开关打在自动档位，自动功能生效，此时手动功能失效。

① 原点检测。上电后，系统首先检查各工作站是否处于初始状态。初始状态是指：传送带两端传感器无工件，出料气缸处于后限位，退料气缸处于前限位，X 轴与 Y 轴处于原点，Z 轴气缸处于上限位，装配台气缸处于上限位，夹具处于夹紧状态。

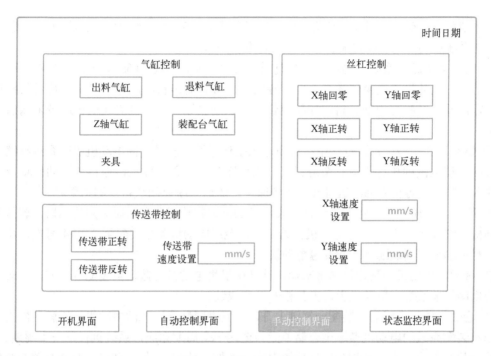

图 12-8　手动控制界面

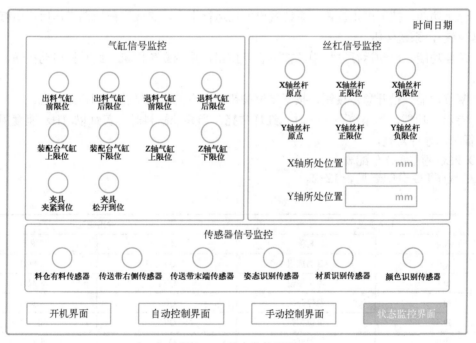

图 12-9　状态监控界面

若上述任意条件不满足，系统均不能启动。

② 参数设定。上电后，系统自动对传送带的速度、X、Y 轴伺服运行的速度进行默认速度设置，默认速度均为 50mm/s，用户可在自动控制界面进行速度修改。

③ 系统缺料检测。系统上电后处于停机状态，按下启动按钮，若系统处于初始状态，且料

仓有料，则系统启动。若料仓中缺料，则系统进入为期 10s 的待加料状态；在 10s 内若有工件放入，则系统启动；若 10s 内未放入工件，则系统停机。

④ 出料与传送。系统启动后，料仓有料传感器触发，等待 0.5s 后出料气缸将电动机盖送出至传送带；电动机盖送至传送带上后，触发传送带右侧传感器，等待 0.5s，传送带按设定的参数前行，并途经姿态识别、材质和颜色传感器识别区域，电动机盖送至传送带末端后，传送带停止。

⑤ 姿态识别。传送带运行途中经过姿态识别传感器，若是正向电动机盖则系统继续运行；若是反向电动机盖则传送带运行至退料气缸工作区时，传送带停止，退料气缸动作将反向电动机盖收入退料槽，等待 0.5s，退料气缸回到原位，随后系统返回缺料检测结果。

⑥ 颜色与材质识别。传送带运行后段经过颜色识别传感器和材质识别传感器，若是黑色金属电动机盖则装配至 1 和 2 号电动机；若是白色金属电动机盖则装配至 3 和 4 号电动机；若是白色塑料电动机盖则装配至 5 和 6 号电动机。

⑦ 装配。电动机盖到达传送带末端，丝杆模组将电动机盖搬运至装配台上方，Z 轴气缸下降，将电动机盖装配在电动机上，夹具松开，完成装配。

⑧ 仓储。装配完成后，装配台气缸上升，夹具夹紧装配完成的电动机，Z 轴气缸上升，丝杆模组将装配完成的电动机搬运至仓储单元。至此一个周期完成，系统执行下一个周期。

仓储位置与电动机在装配台所处位置对应，例如，装配 1 号电动机，仓储位置在仓储台 1 号位置。

3）停止功能。按下停止按钮，系统发出停止运行指令，完成当前周期工作后，所有的机构回到初始状态，系统停机。

4）急停功能。自动运行过程中，按下急停按钮，系统立刻停机，此时按启动按钮，系统无法启动。

5）复位功能。松开急停按钮，按下复位按钮，所有的机械结构回到初始状态。

6）指示灯功能。当系统不工作时，红灯常亮；当系统缺料时，黄灯以 1Hz 速度闪烁；当系统运行时，绿灯常亮。

（3）PLC 程序 I/O 分配表

PLC 程序 I/O 分配表见表 12-2。

表 12-2　I/O 分配表

输入变量		输出变量	
地址	名称	地址	名称
I0.0	启动按钮	Q0.0	红灯
I0.1	停止按钮	Q0.1	绿灯
I0.2	急停开关	Q0.2	黄灯
I0.3	复位按钮	Q0.3	出料气缸
I0.4	转换开关	Q0.4	退料气缸
I2.2	出料气缸前限	Q0.5	Z 轴气缸
I2.3	出料气缸后限	Q0.6	夹具
I2.4	退料气缸前限	Q0.7	装配台气缸
I2.5	退料气缸后限	MD100	X 轴丝杆速度
I2.6	Z 轴气缸上限	MD104	X 轴丝杆位置

（续）

输入变量		输出变量	
地址	名称	地址	名称
I2.7	Z 轴气缸下限	MD108	Y 轴丝杆速度
I3.0	夹具夹紧到位	MD112	Y 轴丝杆位置
I3.1	夹具松开到位	QW256	G120 控制字
I3.2	装配台气缸上限	QW258	G120 控制速度
I3.3	装配台气缸下限		
I3.4	料仓有料传感器		
I3.5	姿态识别传感器		
I3.6	颜色识别传感器		
I3.7	材质识别传感器		
I4.0	传送带末端传感器		
I4.1	传送带右侧传感器		
I4.2	X 轴正限位		
I4.3	X 轴原点		
I4.4	X 轴负限位		
I4.5	Y 轴正限位		
I4.6	Y 轴原点		
I4.7	Y 轴负限位		

3．虚拟平台与虚拟 PLC 的虚拟调试

制造装备数字孪生设备将硬件平台模型化，仿真硬件平台的电气信号输入输出，设置模型刚体物理属性与运动副，使虚拟平台与真实硬件平台一样均有物理属性。虚拟平台与虚拟 PLC 的虚拟调试需要完成以下设置。

（1）虚拟调试通信设置

1）将 PLC 下载至 PLCSIM Adv 中。

2）在 MCD 软件中将下载至 PLCSIM Adv 中的 PLC 程序变量与 MCD 参数信号连接映射。

（2）虚拟 PLC 程序进行验证

1）启动触摸屏仿真。

2）启动 MCD 仿真。

3）在虚拟平台中添加工件物料。

4）启动系统运行，验证 PLC 程序的可靠性和稳定性。

5）仿真运行并保存仿真文件。

序号	类（Class）	名称	属性	描述
1	BallJoint	球副	Active	活动状态
			Anchor	锚点
			Attach	连接件
			Base	基本件
2	BreakingConstraint	断开约束	Active	活动状态
			BreakableJoint	需要断开约束的运动副
			BreakingJoint	需要断开约束的运动副
			Force	断开约束的力/扭矩极限
			Magnitude	断开约束的力/扭矩极限
3	CollisionBody	碰撞体	Active	活动状态
			Surface	选择碰撞材料
			TransportSurfaces	获取应用此碰撞体的传输面
4	CollisionMaterial	碰撞材料	Active	活动状态
			DynamicFriction	动摩擦
			Restitution	恢复系数
			StaticFriction	滚动摩擦系数
5	CollisionSensor	碰撞传感器	Active	活动状态
			NumIntersect	碰撞类别
			Triggered	触发
6	CylindricalJoint	柱面副	Active	活动状态
			Anchor	锚点
			Angle	角度
			Attach	连接件
			Axis	轴矢量
			Base	基本件
			Position	位置
7	FixedJoint	固定副	Active	活动状态
			Attach	连接件
			Base	基本件
8	GearCoupling	齿轮	Active	活动状态
			AllowSlip	滑动
			MasterAxis	主对象
			MasterMultiple	主倍数
			SlaveAxis	从对象
			SlaveMultiple	从倍数

（续）

序号	类（Class）	名称	属性	描述
9	HingeJoint	铰链副	Active	活动状态
			Anchor	锚点
			Angle	角度
			Attach	连接件
			Axis	轴矢量
			Base	基本件
10	PositionControl	位置控制	Active	活动状态
			Axis	运动副
			Position	目标位置
			Speed	速度
11	PreventCollision	防止碰撞	Active	活动状态
			Body1	第一个碰撞体
			Body2	第二个碰撞体
12	SlidingJoint	滑动副	Active	活动状态
			Attach	连接件
			Axis	轴矢量
			Base	基本件
			Position	位置
13	SourceBehavior	对象源	Active	活动状态
14	SpeedControl	速度控制	Active	活动状态
			Axis	运动副
			Speed	速度
15	TransportSurface	传输面	Active	活动状态
			ParallelSpeed	平行速度
			PerpendicularSpeed	垂直速度
			Surface	碰撞材料

参 考 文 献

[1] 黄文汉，陈斌. 机电概念设计（MCD）应用实例教程[M]. 北京：中国水利水电出版社，2020.

[2] 芮庆忠，黄诚. 西门子 S7-1200 PLC 编程及应用[M]. 北京：电子工业出版社，2020.

[3] 王薇，吕其栋，张雪亮. 深入浅出西门子运动控制器：SIMOTION 实用手册[M]. 北京：机械工业出版社，2018.

[4] 段礼才. 西门子 S7-1200 PLC 编程及使用指南[M]. 2 版. 北京：机械工业出版社，2018.

[5] 廖常初. 西门子人机界面（触摸屏）组态与应用技术[M]. 3 版. 北京：机械工业出版社，2018.

[6] 游辉胜，杨同杰. 运动控制系统应用指南[M]. 北京：机械工业出版社，2020.

[7] 崔坚. SIMATIC S7-1500 与 TIA 博途软件使用指南[M]. 2 版. 北京：机械工业出版社，2020.

[8] 黄永红. 电气控制与 PLC 应用技术[M]. 2 版. 北京：机械工业出版社，2018.